W0275241

WUPPERTAL TEXTE

Diese Publikation ist mit freundlicher Unterstützung der Brauerei Felsenkeller Herford zustandegekommen.

Friedrich Schmidt-Bleek
mit Thomas Merten
und Ursula Tischner (Hrsg.)

Öko-intelligentes Produzieren und Konsumieren

Ein Workshop im Rahmen des Verbundprojektes Technologiebedarf im 21. Jahrhundert des Wissenschaftszentrums Nordrhein-Westfalen

Springer Basel AG

Die Deutsche Bibliothek — CIP-Einheitsaufnahme

Öko-intelligentes Produzieren und Konsumieren : ein Workshop im Rahmen des Verbundprojektes Technologiebedarf im 21. Jahrhundert des Wissenschaftszentrums Nordrhein-Westfalen / Friedrich Schmidt-Bleek mit Thomas Merten und Ursula Tischner (Hrsg.).
(Wuppertal Texte)
ISBN 978-3-7643-5667-5 ISBN 978-3-0348-6104-5 (eBook)
DOI 10.1007/978-3-0348-6104-5

NE: Schmidt-Bleek, Friedrich [Hrsg.]

Ursprünglich erschienen bei Birkhäuser Verlag Basel 1997

Satz und Gestaltung: Dorothea Frinker, Wuppertal Institut
Umschlaggestaltung: Matlik & Schelenz, Essenheim
Fotos: Peter Hollenbach
Gedruckt auf säurefreiem Papier, hergestellt aus chlorfrei gebleichtem Zellstoff. ∞

ISBN 978-3-7643-5667-5

9 8 7 6 5 4 3 2 1

Inhalt

lichen Fragestellung wird anhand von konkreten Anwendungsfeldern diskutiert, wie sich eine solche Umorientierung im einzelnen umsetzen läßt.

Eines der zentralen Problemfelder, das innovative technische aber auch organisatorische Entwicklungen erfordert, ist die Umweltverschmutzung und Verknappung der Ressourcen. Das Leitbild des „sustainable development" soll Orientierung bieten. Anstelle der immer noch dominierenden „end of the pipe"-Lösungen müssen zunehmend komplexe Systeme treten, die eine hohe Wertschöpfung mit geringem Material- und Umweltverbrauch verbinden. Im Wuppertal-Institut wird an Modellen gearbeitet, die eine „Dematerialisierung" mit der Steigerung der „Ressourcenproduktivität" um jeweils den Faktor 10 kombinieren und so die Erhaltung des gegenwärtigen Wohlstands versprechen. In dem hier dokumentierten Workshop wurde diskutiert, welche Veränderungen bei der Produktion, aber auch beim Konsum von Gütern notwendig sind, um diesem Leitbild ein Stück näher zu kommen.

Nach der Auftaktveranstaltung „Technologiebedarf im 21. Jahrhundert" und den Workshops „Neue Medien – Bessere Dienstleistungen?", „Innovative Verkehrstechnologien, Kooperationsformen und Dienstleistungen" und „Technik für die Arbeit von morgen", die jeweils dokumentiert wurden, ist der vorliegende Band ein weiterer Baustein in dem Verbundprojekt „Technologiebedarf im 21. Jahrhundert".

Friedrich Schmidt-Bleek

Begrüßung

durch Friedrich Schmidt-Bleek, Vizepräsident
des Wuppertal Instituts für Klima, Umwelt, Energie

Sehr geehrte Frau Staatssekretärin Friedrich, meine sehr verehrten Damen und Herren. Ich darf Sie im Namen des Wuppertal Instituts sehr herzlich begrüßen, vor allem auch im Namen des Präsidenten des Wuppertal Instituts, Herrn Professor Dr. Ernst Ulrich von Weizsäcker, der im Urlaub ist.

Dieser Workshop ist Teil des Verbundprojektes „Technologiebedarf im 21. Jahrhundert", das gemeinsam von den einzelnen Instituten, also dem Kulturwissenschaftlichen Institut in Essen, dem Institut Arbeit und Technik in Gelsenkirchen, dem Wissenschaftszentrum in Düsseldorf und dem Wuppertal Institut getragen wird.

Ziel dieser Verbundprojekte ist es, die wissenschaftlichen Erkenntnisse und Innovationen der einzelnen Institute zu bündeln, auf ein gemeinsames Thema zu richten und dadurch auch gegenüber der Politik und der Öffentlichkeit zu dokumentieren, wie effizient die Kooperation zwischen den einzelnen Instituten des Wissenschaftszentrums sein kann.

Ich freue mich besonders, daß Frau Staatssekretärin Christiane Friedrich vom Ministerium für Umwelt, Raumordnung und Landwirtschaft des Landes Nordrhein-Westfalen bei diesem Workshop zu Gast ist und mir vorhin gesagt hat, daß sie den ganzen Tag bleiben wird. Das schätze ich besonders hoch ein, weil wir alle wissen, wie eng der Zeitplan von politischen Beamten beziehungsweise Beamtinnen dieses Ranges ist.

Ich möchte deshalb noch einmal betonen, daß ich mich sehr freue, daß Frau Staatssekretärin Friedrich sich heute aktiv an diesem Workshop beteiligen wird.

Christiane Friedrich

Grußwort

von Christiane Friedrich, Staatssekretärin im Ministerium für Umwelt, Raumordnung und Landwirtschaft des Landes Nordrhein-Westfalen

Meine sehr verehrten Damen und Herren. Ich freue mich in der Tat, daß ich den ganzen Tag an diesem wichtigen Workshop teilnehmen kann. Ich habe – das hatte ich vorhin Herrn Professor Schmidt-Bleek gesagt – mit meiner Ministerin vorher darüber geredet, daß ich mir den ganzen Tag Zeit nehmen möchte, um das, was hier an Erfahrungen und Anregungen, an Kreativität versammelt ist, selbst miterleben zu können. Wie Sie alle wissen, wird im nächsten Jahr eine Sondersitzung der Generalversammlung der Vereinten Nationen stattfinden, die eine Bestandsaufnahme der Umsetzung des Klimagipfels von Rio de Janeiro vornehmen soll. Dabei – das kann man jetzt schon sagen – wird die Bilanz eher ernüchternd sein. Dies läßt sich bereits aus den Ergebnissen der vierten Tagung der Commission of Sustainable Development ablesen, die 1993 stattgefunden hat und zum Ziel hatte, die Ergebnisse des Rio-Follow-up zu überwachen und zu koordinieren. Der Optimismus der Rio-Konferenz droht mit den Folgekonferenzen aufgezehrt zu werden. Zwar wird die Vernetzung einzelner Aspekte wie Bevölkerungswachstum, Armut, Hunger, Immigration und Umwelt deutlich. Doch scheint nicht mal das Zustandekommen von normativen Konsensen möglich. Das Auseinanderklaffen der Verteilungsinteressen Nord-Süd ist offenkundiger denn je. Angesichts der Frage nach der kontinuierlichen Erhaltung der Lebensgrundlagen der Zivilisation für 8 bis 11 Milliarden Menschen macht sich zur Zeit globale Lähmung breit. Sustainable Development hat als umweltethischer Imperativ ökonomische, soziale und ökologische Dimensionen in die Operationalisierung einzubeziehen, und das begründet weitere aus der Komplexität herrührende Analysen. So ist es denn um so begrüßenswerter, daß unter dem Dach des Wissenschaftszentrums Nordrhein-Westfalen in einem Gemeinschaftsprojekt „Technologiebedarf im 21. Jahrhundert“ als Dialogprojekt bedarfsorientierte Innovationsstrategien thematisiert werden.

Der globalen Lähmung zu widerstehen, muß im Interesse des Landes Nordrhein-Westfalen liegen. Denn seine Zukunftsfähigkeit ist mehr denn je von seiner zu mobilisierenden Innovationskraft abhängig. Es sei mir an dieser Stelle gestattet, für die Gäste, die nicht aus Nordrhein-Westfalen stammen, die Situation dieses Landes kurz zu skizzieren. Als historischer Standort für Kohle und Stahl hat das Land in den letzten 30 Jahren enorme strukturelle Wandlungen durchmachen müssen und hat sie bis heute auch noch nicht ganz hinter sich gebracht. Bei 17,8 Millionen Einwohnern – soviel Einwohner hat nebenbei gesagt ganz Australien – beläuft sich die Zahl der Beschäftigten auf ca. 7,3 Millionen. 1995 betrug die durchschnittliche Arbeitslosenzahl 779 000. Das entspricht einer Quote von 10,8 Prozent. Der Verlust von Arbeitsplätzen betrug im Jahr 1995 55 000. Mit rund einem Viertel aller deutschen Ausfuhren ist Nordrhein-Westfalen das exportstärkste Bundesland. Es hat ein Ausfuhrvolumen von 160,3 Milliarden DM. Fast die Hälfte der Gesamtausfuhr bestritt die Investitionsgüterindustrie. Ausfuhren der Grundstoff- und Produktionsgüterindustrie wurden zur Hälfte von chemischen Erzeugnissen bestimmt. Die Exportorientierung und deren Struktur läßt erkennen, daß Auswirkungen destruktiver Wettbewerbsformen gravierende Effekte auf das Land Nordrhein-Westfalen haben. Gilt dies besonders für die Großindustrie, so sind für den Standort „Zukunft Nordrhein-Westfalen" Innovationsstrategien für kleine und mittlere Unternehmen ausschlaggebend. Sie stellen rund zwei Drittel aller Arbeitsplätze und nahezu 80 Prozent aller Ausbildungsplätze im dualen Ausbildungssystem. Der größte Teil dieser Unternehmen wird zwar die Möglichkeiten des globalen Weltmarktes unter den Aspekten von Global Sourcing und Global Manufactoring nicht in Anspruch nehmen können, dem Modernisierungsdruck gleichwohl standhalten müssen. Die Zukunftsfähigkeit von Produktionsprozessen, Produkten und Dienstleistungen ist für das Land mithin von essentieller Bedeutung. Im Bewußtsein, die für diesen Workshop vorgesehenen Spielregeln etwas zu verletzen, erlaube ich mir dennoch den Hinweis auf fehlende, innovationsfördernde, ordnungspolitische Rahmenbedingungen.

Denn die Bundesrepublik, teilhabend an der globalen Lähmung, läuft Gefahr, die mit einer Ökologischen Steuerreform einhergehenden Anreizwirkungen zu technischen Innovationen strategisch nicht zu nutzen und damit auf Dauer zu verpassen. Auch diese Tatsache zwingt gegenwärtig die Landesregierung, Möglichkeiten zu sondieren und zu nutzen, welche Schritte dennoch in die richtige Richtung deuten könnten. In Nordrhein-Westfalen wird eine Bündelung von Maßnahmen durch das Zukunfts-Investitionsprogramm „Arbeit und Umwelt" vorgenommen. Für dieses Programm werden in der laufenden Legislaturperiode 13,1 Milliarden DM angesetzt werden. Gegenwärtig wird das Programm inhaltlich abgestimmt und haushaltsrechtlich abgesichert. Elemente dieses Programms sind zum Beispiel Entwicklung und Erprobung innovativer, umweltfreundlicher Produkt- und Produktionsverfahren, neue technische Lösungen für Abfallvermeidung und -verwertung, umweltfreundliche Technologien, selbstverständlich auch neue und erneuerbare Energien sowie Energiesparen und rationale Energieverwendung ebenso wie regionale und kommunale Energieversorgungskonzepte. Und wer aus Nordrhein-Westfalen kommt, weiß, was das bedeutet für Nordrhein-Westfalen. Darüber hinaus gehört dazu die Förderung des Baus von energiesparenden Sozialwohnungen und die Renovierung von Altbauten wie auch Investitionen in den Öffentlichen Personen-Nahverkehr und nicht zuletzt Flächensanierungen, um den Landnutzungsbedarf zu reduzieren. Neben diesen Fördermaßnahmen dürfte es von großer Bedeutung sein, mit den Unternehmen im Land und ihren Verbänden, den Gewerkschaften, eine Kommunikationspolitik zur Zukunftsfähigkeit zu entwickeln. Als Basis mag die von der Landesregierung in Vorbereitung befindliche Initiative mit der Bezeichnung „Produktionsintegrierter Umweltschutz" dienen.

Als Ergebnis dieser Initiative müssen umweltpolitische Rahmenbedingungen für die instrumentellen Optionen zur Einführung der integrierten Umwelttechnik erarbeitet sein. Es wird unter anderem also darum gehen müssen festzustellen, durch welche Merkmale Investitionen in den Umweltschutz überhaupt geprägt sind, wo firmeninterne und firmenexterne Hindernisse liegen und wodurch sie beseitigt werden können, was auch bedeutet, daß umweltpolitische Instrumente – und dazu gehören ordnungsrechtliche, ökonomische Instrumente wie freiwillige Selbstverpflichtung usw. sowie der Einsatz förderpolitischer Instrumente – zu hinterfragen sein werden. Wesentliche Vorarbeiten dazu sind bereits durch das Büro für Technikfolgenabschätzung in Bonn geleistet wurden. Dies wurde vom Deutschen Bundestag gebeten untersuchen zu lassen, wie ein verstärkter Einsatz integrierter Umwelttechnik gefördert werden könne. Die aus etlichen Gutachten gewonnenen Erkenntnisse gilt es nun für Nordrhein-Westfalen zu hinterfragen und dabei die vorhandene Infrastruktur – Hochschulen, Institute, Transferstellen, Technologiezentren usw. – auf dieses Thema hin zu konzentrieren.

Ich habe ein Anliegen, das ich auch in diesen Workshop hineintragen möchte: Wir müssen für eine Begriffsklarheit sorgen. Dies springt schon bei der gerade erwähnten Initiative „*Produktionsorientierter* Umweltschutz" ins Auge, wenn die Bezeichnung nicht gleichzeitig den *produktintegrierten* Umweltschutz nennt, diesen aber gleichwohl einbeziehen muß. Das Ansinnen um Begriffsklarheit hat jedoch auch ernstere Hintergründe. Ich finde zum Beispiel zunehmend in sogenannten Umwelterklärungen, die von Unternehmen zu fertigen sind, die freiwillig am sogenannten Öko-Audit-System teilnehmen, die Behauptung, daß eine effiziente Ressourcennutzung stattfinde. Das mag dann glücklicherweise bei dem einen oder anderen auch mal der Fall sein, dürfte überwiegend jedoch als Beleg für die inflationäre Nutzung des inzwischen positiv besetzten Begriffes sein. Wenn der Begriff „Effizienzstrategie" im Empfängerhorizont überwiegend die Assoziation auslöst, es gehe um die Überwindung der Umweltprobleme mit ihren herkömmlichen Mitteln der Ökonomie, dann obliegt es uns, für Klarheit zu sorgen. Denn wenn wir unter „Sustainability" die Veränderung der Strukturen wirtschaftlicher Aktivitäten anthropogener Stoff- und Energieströme mit den Stoffwechselprodukten der Natur meinen, dann reden wir von einer Konsistenzstrategie und sollten sie meiner Meinung nach auch bei diesem Namen nennen.

Erlauben Sie, meine Damen und Herren, daß ich zum Inhalt der Session II noch einige Anmerkungen hinzufüge. In seiner Ansprache vor dem Bundesverband der Deutschen Industrie am 18. Juni dieses Jahres sagte der Bundespräsident: „Zukunftsfähigkeit beginnt im Kopf". Wenn das so ist, dann paßt sicherlich auch das Bild, das sich einem aus dem Positionspapier des Wuppertal Instituts zu diesem Teil des Workshops vermittelt. Bürgerinnen und Bürger prägen das Marktgeschehen durch eine weitgehende Substitution des Kaufs, durch Nachfrage nach Dienstleistungen. Kauf- und dienstleistungsbegründende Entscheidungen basieren auf Informationsinhalten, die eine ökologisch motivierte Konsumorientierung erlauben. Mit anderen Worten: homo oecologicus ist unterwegs. Eine zugegebenermaßen angenehme Illusion. Eine der Realitäten in Nordrhein-Westfalen ist aber: Ende 1993 – andere Zahlen standen mir im Augenblick nicht zur Verfügung standen – erhielten über 1,9 Millionen Menschen Sozialhilfe nach dem Bundessozialhilfegesetz. Über 460 000 der Sozialhilfeempfänger waren im Alter bis zu 21 Jahren. Die Ausgaben für die Sozialhilfe betrugen im Jahr 1993 rund 12,6 Milliarden DM. Sie stiegen 1994 um 4,9 Prozent auf 13,2 Milliarden DM und waren damit mehr als doppelt so hoch wie vor 10 Jahren. Für 1995 war ein Anstieg der Sozialhilfeausgaben um

5,6 Prozent auf 14,6 Milliarden DM zu verzeichnen. Jeder zwölfte Haushalt erhielt im Jahr 1994 in Nordrhein-Westfalen Wohnungsgeld.

Mit diesem Blick auf Gegebenheiten möchte ich bewußt machen, daß es für einen zunehmenden Teil der Bevölkerung nur ohnehin eine stark eingeschränkte Partizipation am Markt gibt und daß dessen Entscheidungen folglich sicherlich leider nicht primärökologisch motiviert sind.

Meine Damen und Herren, einen Markt erzeugen zu wollen, der sich als Reflex in sustainability-orientierten Wertstrukturen und Wertentscheidungen der Nachfrageseite darstellt, verlangt natürlich nach Initiativen auch für kognitive Prozesse. Die thematische Neuorientierung im gesamten Bildungsbereich, insbesondere in der Umweltbildung, kann deshalb gar nicht schnell genug erfolgen. Ob sich deshalb aber auch in Folge die Neuorientierung von Lebensstilen einstellt, muß angesichts der Forschung zum Thema „Umweltbewußtsein“ mehr als bezweifelt werden. Darüber hinaus betrifft der Lebensstil ja die Identität einzelner Personen, ihre Sprache, Kleidung, Wohnung, Geschmack und die Gefühlsstrukturen. Die Attraktivität der neuen Weltvision muß sich zumindest in den hochindustrialisierten Gesellschaften meines Erachtens erst noch herausstellen. Und hier, in der Auseinandersetzung um die soziokulturelle Seite der Ökologie, liegt meines Erachtens die eigentliche Brisanz. Gelingt es dem Markt, Güter und Dienstleistungen anzubieten, die neben ökologischer und ökonomischer Verträglichkeit auch Anforderungen sozialer Akzeptanz und kultureller Anziehungskraft erfüllen werden? Die gesellschaftlichen Konstellationen für eine Diskussion der Suffizienzstrategie sind meines Erachtens wahrlich nicht als günstig einzuschätzen. Sie beginnt in der Bundesrepublik in einer Phase, in der die Brüchigkeit eines Systems offenkundig wird, welches das Steuersystem und wesentliche Elemente des Sozialsystems immer noch am Faktor Arbeit verankert. Fragen der gerechten Verteilung von Nutzen und Lasten erlangen dabei zusätzliche zunehmend gesellschaftliche Relevanz. Sorgen und Ängste um den Arbeitsplatz, um die Existenz und um die gesellschaftliche Einordnung bestimmen zunehmend das Bewußtsein von immer mehr Menschen in ganz Europa.

Ich habe Ihnen zum Schluß, meine Damen und Herren, eher ein düsteres Bild des gesellschaftlichen Hintergrunds für diesen Workshop skizziert. Ich möchte Sie dadurch keineswegs entmutigen, sondern vielmehr uns schützen vor der uns allen sicherlich nur zu gut bekannten Gefahr, unseren notwendigen langen Atem zu verlieren. Und ich möchte insbesondere unsere Gastgeber ermutigen, sich weiter tatkräftig einzumischen, gerade auch in die politische Diskussion um die gesellschaftlichen Notwendigkeiten für den Umstrukturierungsprozeß hin zu einer nachhaltigen Entwicklung unseres Landes. Ich freue mich, wie ich schon zu Anfang sagte, an diesem Workshop teilnehmen zu können, und wünsche uns allen interessante und ermutigende Diskussionen, die sicherlich nicht folgenlos bleiben werden. Denn der Fortschritt ist bekanntlich eine Schnecke, aber letztendlich erreicht sie immer ihr Ziel.

Friedrich Schmidt-Bleek

Plädoyer für eine Ressourcenproduktivität

Bevor ich selbst einige Gedanken äußere zu dem, wie wir die Thematik sehen, möchte ich mich bei Ihnen sehr herzlich bedanken für die Worte, Frau Staatssekretärin, die Sie gefunden haben, indem Sie sagten, daß wir uns nicht entmutigen lassen sollten. Es ist ja nicht unwichtig, wie ein Institut von der Öffentlichkeit und von der Politik gesehen wird, und deswegen betrachten wir das als eine Aufforderung, unsere Arbeit fortzusetzen. Und ich kann Ihnen nur versprechen: Wir werden Ihre Aufforderung beherzigen.

Ich hatte schon zu Anfang etwas über die Aufgabenstellung der Verbundprojekte gesagt und möchte hier noch einmal betonen, daß es auch Aufgabenstellungen gibt, die über die Kapazität der einzelnen Institute hinausgehen. Zu dem Verbundprojekt „Technologie im 21. Jahrhundert“ gab es schon vier vorangehende Veranstaltungen, die zum Teil, wie auch dieses Symposium, im Druck erscheinen werden oder bereits schon erschienen sind. Wir haben im Rahmen dieser Verbundprojekte auch ein Projekt über die „Zukunftsfähigkeit der Arbeit“, und wir sind fest davon überzeugt, daß es keine Zukunftsfähigkeit in einer Industriegesellschaft geben kann, wenn nicht die breiten Probleme, die die Arbeitslosigkeit gegenwärtig mit sich bringt, gelöst werden können.

Dieses Projekt nun, Technologie im 21. Jahrhundert, läuft im wesentlichen in der Zusammenarbeit zwischen dem IAT Gelsenkirchen und dem Wuppertal Institut, um sicherzustellen, daß die anstehenden Fragen zur zukunftsfähigen Technik in die Bearbeitung der Thematik eingehen. Was nun die Zukunftsfähigkeit betrifft – wenn sie je kommt –, wird sie auf dem „Markt“ stattfinden, nämlich dort, wo Güter angeboten und akzeptiert werden, also gekauft oder auch nicht gekauft werden. Das heißt, daß alle die, die Produkte herstellen und alle die, die diese Produkte verbrauchen, an diesem gesamten Prozeß beteiligt sind. Es geht also um Produktion und Konsumtion, und das ist auch der Grund, warum wir in diesem Workshop versuchen, beide Aspekte im Dialog zusammenzuspannen. Sie wissen, daß dieses Thema sowohl beim Umweltprogramm der Vereinten Nationen in Nairobi wie auch bei der OECD seit einiger Zeit auf der Tagesordnung steht. Und wir müssen offen zugeben: Wir sind noch nicht so weit, wie wir eigentlich sein müßten.

Es ist doch bedenkenswert, daß das, über das wir seit 25 Jahren in der Umweltdiskussion nachdenken – Emissionen, Abfall usw. – uns immer intensiv beschäftigt hat, daß wir aber zugleich versäumt haben, Wege zu suchen, wie wir die Wirtschaft beeinflussen können, und damit eben diese Probleme – Abfall, Emissionen usw. – in Zukunft zu vermeiden. Das mag trivial klingen. Ich halte es jedoch für wichtig, endlich einmal eine Umweltpolitik zu machen, die nicht auf das Ende schaut – dorthin, wo die Stoffströme herauskommen – sondern das Pferd einmal von vorn aufzäumt. Wie sieht es denn heute aus: Die Wirtschaft produziert und gibt ihre Produkte an den Verbraucher ab und ist damit weitestgehend ihre Verantwortung los. Das Schadenspotential eines Produktes oder einer Dienstleistung hat immer zwei Seiten. Einmal müssen wir uns mit der Output-Seite, also mit den Fragen der Ökotoxizität, beschäftigen. Das haben wir seit Jahrzehnten gemacht, und das muß selbstverständlich weiter betrieben werden. Andererseits, so glaube ich, müssen wir uns verstärkt um die Input-Seite kümmern, wo die Ressourcen Material, Energie und Fläche in die Wirtschaft einfließen.

Für mich steht fest – und das gilt auch für viele andere Experten –: Die Ressourcenproduktivität ist in diesem Land, wie in vielen anderen Industrieländern auch, miserabel. Was ist zu ändern? Zunächst: Wir haben eine große Innovationslücke im Technikbereich und auch im gesellschaftlichen Bereich. Es ist deshalb eine der Aufgaben des Verbundprojektes, aufzuzeigen, wie groß diese Lücke eigentlich ist. Die Verbesserung der Effizienz – Sie haben es angesprochen, Frau Staatssekretärin –, ist die klassische Aufgabe der Ingenieure. Seit 180 Jahren, und das muß man einfach würdigen, ist die Effizienzsteigerung um 0,4 Prozent pro Jahr gewachsen. Das wissen wir auch zu würdigen. Aber darum geht es uns bei dieser

Diskussion nicht alleine, wenn wir über die Zukunftsfähigkeit reden. Die Effizienz, wie wir sie heute definieren, bedeutet, daß wir bei gleichbleibendem Input den Output steigern. Das ist das, was in jeder Firma tagtäglich stattfindet. Wir aber wollen etwas anderes: Wir wollen mit dem geringstmöglichen Aufwand von Input Nutzen, Wohlstand usw. schaffen. Und zwar mit dem geringstmöglichen Aufwand an Fläche, Energie und Masse. Und es geht uns auch nicht darum, die Frage zu beantworten, ob wir etwa die Materialintensität von Mausefallen, Autos usw. um 40 Prozent reduzieren können, sondern darum, ob es eine neue Art gibt, technisch vorzugehen oder neue Kombinationsmöglichkeiten zu finden. Und dabei ist entscheidend, daß die Ressourcenproduktivität auch auf der Konsumseite entscheidend vorangetrieben werden kann, selbst dann, wenn neue Technik noch gar nicht existiert. Zum Beispiel werden wir in Hotels bisweilen aufgefordert, das benutzte Handtuch nicht auf den Boden zu werfen, sondern es aufzuhängen und noch einmal zu nutzen. Dabei verdient ja nicht nur die Umwelt, sondern auch das Hotel. Und das kann man als Gast auch entsprechend bei der Rechnungsstellung geltend machen. Hier passiert eine Steigerung der Ressourcenproduktivität. Weil ich als Gast entscheide, daß ich das Handtuch einmal, zweimal oder gar dreimal benutzen will.

Wichtig ist, daß die Konsumseite, also der Bürger, die Steigerung der Ressourcenproduktivität als gesellschaftspolitische Aufgabe begreift und einsieht, daß sie genauso wichtig ist wie die Steigerung der Ressourcenproduktivität in der Industrie.

Wenn die These sich bewahrheiten würde, daß wir einen Innovationsschub nicht geahnter Art erleben werden, und wenn das Land Nordrhein-Westfalen in der Lage wäre, das klug zu nutzen, dann würden sich daraus auch Märkte der Zukunft entwickeln. Optimismus, Frau Staatssekretärin, meine Damen und Herren, ist für die anderthalb Tage gefragt. Es geht nicht darum, Antagonismen zwischen Industrie und Umweltdenken aufzudecken, sondern es geht um eine gemeinsame Leistung von Wirtschaft und Wissenschaft, die erbracht werden muß, bei der Geld verdient werden kann, bei der auch das Wohlbefinden im Mittelpunkt steht. Dematerialisierung kann Spaß bereiten, das werden wir auf diesem

Workshop noch diskutieren. Letztlich geht es darum, daß wir gemeinsam eine Zukunft schaffen, auf die unsere Kinder stolz sein können.

Ich übergebe nun das Wort an Wolfram Huncke, der diesen Workshop heute und morgen moderieren wird.

Wolfram Huncke

Begrüßung

durch Wolfram Huncke, Moderator des Symposiums

Frau Staatssekretärin, meine Damen und Herren. Auch ich darf sie sehr herzlich im Namen des Wuppertal Instituts begrüßen und bin mir der Ehre bewußt, dieses hochkarätig besetzte Symposium moderieren zu können.

Erlauben Sie mir vorab einige Bemerkungen, die für mich als Moderator wichtig sind, damit die Gesprächspartner wissen, was ich denke und wie ich die Moderation zu bewerkstelligen mir vorgenommen habe.

Dieses Verbundprojekt „Technologiebedarf im 21. Jahrhundert" ist ein Dialogprojekt. Und deswegen liegt mir sehr daran, darauf hinzuweisen, daß der Dialog, also das Gespräch, im Mittelpunkt steht und nicht Statements, die oft aus dem Zusammenhang gerissen sind und bei Tagungen oder Workshops mehr und mehr zur Mode werden, um zu dokumentieren: Ich war auch dabei und habe auch was gesagt.

Ich werde versuchen, daß die Themen, die jeweils von den Referenten artikuliert werden, im Gespräch vertieft werden, und werde mir deshalb hin und wieder erlauben, die Reihenfolge der Gesprächsmeldungen zu verändern, wenn es hilft, ein Thema oder eine Fragestellung weiterzubringen.

Vielleicht darf ich Sie auch bitten, sich kurz zu fassen und vor allem eines zu tun, was, so habe ich mir sagen lassen, bei den Japanern üblich ist: nämlich das nicht zu wiederholen, was der Vorredner gesagt hat, sondern immer etwas neues beitragen zu wollen.

Ich habe die Referenten gebeten, die Zeit, die man ihnen eingeräumt hat, nicht in voller Länge zu nutzen, um der Diskussion mehr Raum zu geben. Denn ich habe der Teilnehmerliste entnommen, daß wir eine große Zahl hochkarätiger Gäste haben, die zu dem einen oder anderen Thema auch Hochkarätiges beizutragen haben.

Das, was heute und morgen diskutiert wird, Herr Professor Schmidt-Bleek hat schon darauf hingewiesen, soll als Buch veröffentlicht werden und als Publikation auch dem Wissenschaftszentrum Nordrhein-Westfalen zur Ehre gereichen.

Eine Bemerkung zum Schluß. Mir ist aufgefallen, daß die Referenten, die erst morgen ihren Beitrag zu leisten haben, bereits heute schon anwesend sind. Das ist selten. Im Gegenteil: Viele Referenten reisen bisweilen erst eine Stunde vor Tagungsbeginn an, um dann direkt nach ihrem Beitrag den Workshop wieder zu verlassen. Daß es hier anders ist, werte ich als eine Referenz an Professor Friedrich Schmidt-Bleek und die Mitarbeiter seiner Abteilung, die die Gäste hier zu diesem Workshop eingeladen habe. Ich wiederum glaube, daß es dazu beitragen wird, die Thematik im Dialog intensiver behandeln zu können. Deswegen mein herzlicher Dank an Sie Herr Professor Braess und an alle anderen Referenten, daß Sie schon heute an dem Dialogprojekt „Technologiebedarf im 21. Jahrhundert" teilnehmen.

Der erste Referent ist Professor Dr. Gerhard Scherhorn. Sie kennen ihn alle. Er ist Direktor des Instituts für Haushalts- und Konsumökonomie an der Universität Hohenheim in Stuttgart. Wenn von Verbraucherverhalten, meine sehr verehrten Damen und Herren, in Deutschland die Rede ist, dann heißt es immer: Scherhorn muß ran. Herr Professor Scherhorn, ich darf Sie sehr herzlich begrüßen.

Gerhard Scherhorn

Gerhard Scherhorn

Revision des Gebrauchs

Ich werde Ihnen, meine Damen und Herren, nicht vortragen, daß wir den Gebrauch der Güter ändern sollten. Ich werde überhaupt vermeiden, irgendwelche normativen Aussagen dieser Art zu machen. Wir sind längst dabei, den Gebrauch zu revidieren, ob wir das nun schon gemerkt haben oder nicht. Was wir heute erleben, ist die Ausbreitung, die Diffusion eines neuen Zieles, einer sozialen Innovation. Die Wirtschaftswissenschaft hat Diffusionen schon häufig untersucht und weiß ziemlich viel darüber, wie sich eine Neuerung ausbreitet. Zunächst erfolgt der Prozeß ganz zögerlich und plötzlich beschleunigt sich alles. Dies ist mit der „Revision des Gebrauchs" meiner Ansicht nach genauso. So ist meiner Ansicht nach dieser Workshop eine Station in einem Prozeß, der bereits angefangen hat.

Die Revision hat drei Dimensionen, über die ich nacheinander sprechen möchte. Ich unterscheide zwischen der Revision des Gütergebrauchs, der Revision des Ressourcengebrauchs und der Revision des Machtgebrauchs. Sie werden sich fragen, warum ich den Rahmen so weit spanne. Nun, ich gehe davon aus, daß die ökologische Krise nur ein Teil eines viel allgemeineren gesellschaftlichen Umbruchs ist. Wir ändern unsere Einstellung zur natürlichen Mitwelt. Wir haben erkannt, daß wir Raubbau an unserer Gesundheit treiben. Und letztlich geht es um die Änderung der gesamtgesellschaftlichen Struktur. Mir ist es wichtig, das möchte ich am Anfang besonders betonen und am Ende darauf zurückkommen, daß wir die „Revision des Gebrauchs" nicht zu eng sehen, sondern in einen größeren gesamtgesellschaftlichen Zusammenhang stellen müssen.

Zur Revision des Gütergebrauchs

Damit meine ich zunächst das Teilen, das Leihen und das Mieten, das in bestimmten Fällen an die Stelle des Kaufens tritt. Dabei beziehe ich mich auf eine Studie, die in Stuttgart im Auftrag der Verbraucherzentrale Baden-Württemberg von zwei meiner Diplomanden, Arno Hoffmann und Joachim Pansegrau, durchgeführt wurde. Sie haben etwa 450 Konsumenten befragt. Es ist keine repräsentative Stichprobe, sondern es handelt sich überwiegend um einen Personenkreis, der in den Verbraucherberatungsstellen Rat und Information gesucht hat. Diese Stichprobe ist deswegen nicht repräsentativ, weil die Personen mit Abitur- und Hochschulbildung überrepräsentiert sind. Er ist auf der anderen Seite nicht überrepräsentiert, wenn man den Faktor Einkommen betrachtet.

Diese 450 Personen wurden gefragt, inwieweit sie Konsumgüter teilen, leihen oder mieten. Sie nannten etwa 700 Güter, mit denen sie in der beschriebenen Weise umgehen. Die Stichprobe ergab nun, daß etwa 80 Prozent der befragten Personen hin und wieder etwas verleihen, 60 Prozent sagten aus, daß sie hin und wieder etwas mieten und immerhin 25 Prozent – was ich für sehr viel halte – sagten

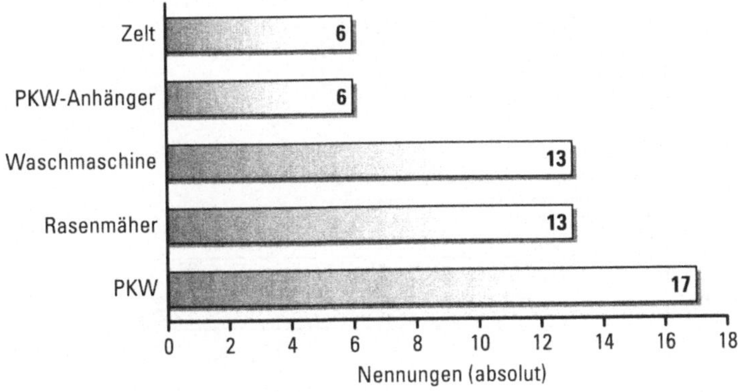

Abb. 1

von sich, daß sie hin und wieder etwas „teilen", was so viel heißt, daß sie mit einer anderen Person gemeinsam ein Produkt beziehungsweise eine Ware kaufen, die ihnen dann gemeinsam gehört. Ich will Ihnen jetzt mal auf der Abbildung 1 zeigen, wie das im einzelnen aussieht: sie zeigt die am häufigsten geteilten Güter. Sie sehen auf der Graphik, daß Pkw, Rasenmäher, Waschmaschine, Pkw-Anhänger und Zelt die Güter sind, die am häufigsten geteilt wurden. Die am häufigsten gemieteten Güter zeigt die Abbildung 2. Hier ist

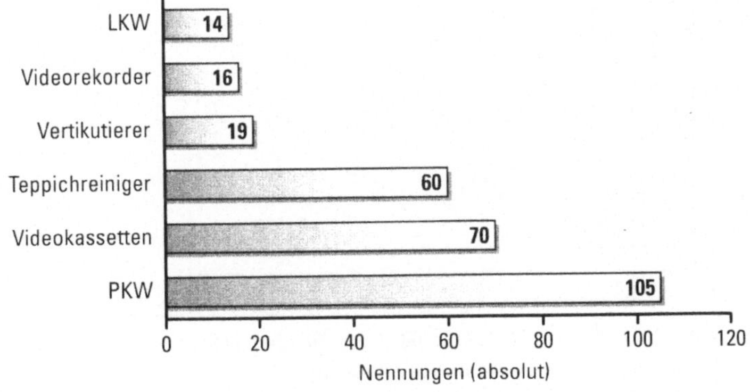

Abb. 2

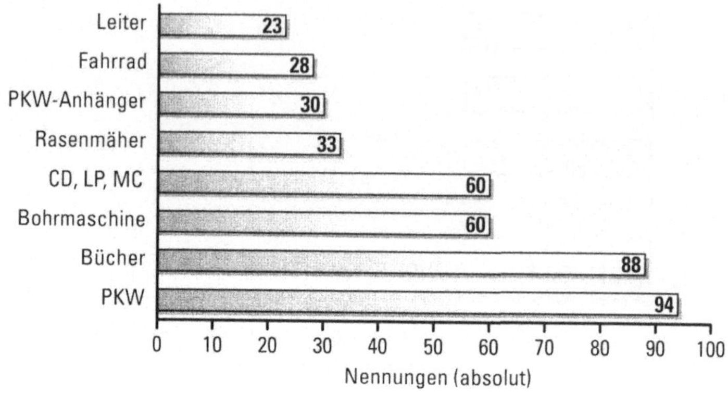

Abb. 3

wieder der Pkw an erster Stelle. Mit in der Spitzengruppe liegen dann noch, wie Sie sehen, Video-Kassetten und Teppichreiniger. Jetzt zeige ich Ihnen noch anhand von zwei weiteren Abbildungen (3) einmal die am häufigsten ausgeliehenen Güter und die am häufigsten verliehenen Güter (4). Wie Sie sehen, liegen wieder Pkw an der ersten Stelle, dicht gefolgt von Büchern, Bohrmaschine, CD, LP, MC usw. Das möge Ihnen einen kleinen Überblick vermitteln über das, was zur Zeit geteilt, vermietet, gemeinsam genutzt usw. wird.

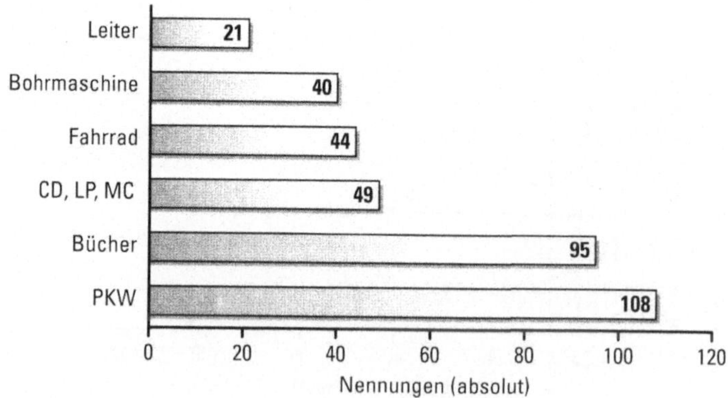

Abb. 4

Mein Resümee ist: Es ist zwar nicht viel, gleichzeitig aber kann man nicht argumentieren, daß es wenig wäre.

Die sich anschließende Frage lautet nun: Was sind das für Menschen, die das machen? Wenn es sich um eine Entwicklung beziehungsweise einen Diffussionsprozeß handelt, dann kann man in jedem Fall feststellen, daß am Anfang dieser Entwicklung immer ganz bestimmte Leute stehen, die ich als *Konsumpioniere* bezeichne. Man spricht aber auch von der Avantgarde oder dergleichen. Jedenfalls stehen diese Menschen, wie auch immer man sie nennen mag, immer an der Spitze der Bewegung und man fragt sich: Was sind das für Menschen? Wir haben aus dieser Studie, die ich Ihnen gerade beschrieben habe, 29 Personen ausgewählt, die besonders viele Gebrauchsgüter gemeinsam nutzen. Mit Hilfe eines Fragebogens haben wir herauszufinden versucht, durch welche Eigenschaften sie charakterisiert sind. Dabei fanden wir heraus, daß dieser Personenkreis relativ wenig gütergebunden und wenig positional eingestellt ist.

Auf diesem Fragebogen (siehe Abbildung 5) sehen Sie die Aussagen, für die man sich zwischen 1 und 6 entsprechend entscheiden konnte, also zum Beispiel für „ich finde es schön, viele Sachen zu haben". Und das wurde bei verschiedenen Vorgaben entsprechend ausgefüllt. Gleichzeitig haben wir herausgefunden, daß die 29 Befragten relativ stark sozial- und naturverträglich orientiert sind. Und wir fanden, daß dieser Personenkreis zudem wesentlich weniger kontrollorientiert und wesentlich mehr autonomieorientiert ist. Wir haben so ein Bild von einer Persönlichkeitsstruktur zu definieren versucht, die sich dieser Idee als erster zuwendet. Man könnte auch sagen, daß dieser Personenkreis das Gefühl hat, daß Handlungen und Aktivitäten durch sie selbst bestimmt werden. Und diese Erkenntnis oder Sichtweise – daß es eben durch einen selbst bestimmt wird – formt automatisch eine andere Sichtweise vom Menschen und von der Welt.

Auf der 4. Abbildung sehen Sie andeutungsweise die Ursachen für diese Entwicklung. So entsteht zum Beispiel die *Autonomieorientierung* durch die Erfahrung, daß man akzeptiert wird (siehe Abbildung 6). Oder anders ausgedrückt: Man erlebt, daß man geliebt wird, weil man ist so wie man ist, und nicht deswegen, weil und nur dann

Einige Items aus der Skala Gütergebundenheit

		trifft überhaupt nicht zu ... trifft vollständig zu
1.	Ich finde es schön, viele Sachen zu haben, z.B. viele Kleider, verschiedene Sportgeräte usw.	1-----2-----3-----4-----5-----6
2.	Ich umgebe mich gern mit schönen, wertvollen Dingen.	1-----2-----3-----4-----5-----6
4.	Wenn ich mir etwas Neues gekauft habe, fühle ich mich richtig glücklich.	1-----2-----3-----4-----5-----6
5.	Ich mag gebrauchte Sachen nicht mehr, wen sie unansehnlich geworden sind.	1-----2-----3-----4-----5-----6
7.	Was mir sehr wichtig ist: eine exklusive Atmosphäre, wertvolles Zubehör, schicke Kleidung.	1-----2-----3-----4-----5-----6
10.	Ich denke oft daran, wie schön es wäre, wenn ich mir mehr Luxus leisten könnte.	1-----2-----3-----4-----5-----6
11.	Alles, womit ich mich umgebe, muß einen gewissen Stil und ein gewisses Niveau haben.	1-----2-----3-----4-----5-----6

Abb. 5

wenn man etwas leistet. Sie entsteht dadurch, daß man in seinem Leben immer wieder die Erfahrung macht, daß man ein sachbezogenes Feedback bekommt und nicht durch wertende Aussagen niedergehalten wird. Man erfährt, daß man nicht unter Druck gesetzt wird, um ein bestimmtes Verhalten zu zeigen, sondern daß Vertrauen die Basis bildet. Aus der Wahrnehmung dieses Umfeldes entsteht die Autonomieorientierung. Und daraus entsteht nun ein Handeln, das nicht durch Selbstzweifel getragen wird, sondern durch Sicherheit. Ich nenne es auch gern ein selbstvergessenes intrinsisch motiviertes Interesse an der Sache oder Person. Es ist geprägt durch eine Balance zwischen eigenen und fremden Interessen. Denn wer sich selbst akzeptiert und mit sich im Reinen ist, kann auch andere akzeptieren. Wesentliche Merkmale, wie die Graphik zeigt, sind Selbstvertrauen und Gelassenheit.

Ich habe durch zahlreiche Studien belegen können, daß es gerade autonomieorientierte Menschen sind, die sich naturverträglich verhalten. Im Kontrast dazu steht die sogenannte „Kontrollorientierung". Sie entsteht dadurch, daß Menschen nachhaltig über Jahre hinweg bevormundet werden, das heißt durch Belohnungen oder Bestrafungen gelenkt werden. Wer sich jedoch ständig kontrolliert fühlt, verlernt zu denken, daß er etwas aus eigenem Antrieb tut beziehungsweise leisten kann. Wenn er es tut, dann tut er es wegen der Kontrolle, weil er für das, was er tut, belohnt oder bestraft wird. Diese Verhaltensweisen sind kennzeichnend für unsere Gesellschaft, und deswegen ist es kein Wunder, daß die Kontrollorientierung sehr ausgeprägt ist. Ich betone noch einmal: Diejenigen, die Gebrauchs-

Items zu Positionalität

1. Im Beruf ist es mir wichtig, daß ich Anordnungen erteilen kann.
2. Ich würde nach Möglichkeit immer einen Wagen fahren, der meiner sozialen Position entspricht.
3. Ich genieße es, wenn man mich beachtet und zu mir aufschaut.
4. Meine Wohnung soll einen guten Eindruck machen.
5. Ich lege viel Wert darauf, immer richtig angezogen zu sein.
6. Ich brauche den Wettbewerb mit anderen, um sehen zu können, wie gut ich bin.
7. Was ich einmal gesagt habe, das gilt.
8. Ich bin sehr ehrgeizig und möchte eigentlich immer besser sein als meine „Mitstreiter", egal, ob im Sport, im Beruf oder in der Freizeit.
9. Es ist mir wichtig, meinen eigenen Standpunkt durchzusetzen.

Abb. 6

güter häufig gemeinsam nutzen, sind im Durchschnitt extrem wenig kontrollorientiert und deutlich stärker autonomieorientiert als der Durchschnitt der Bevölkerung.

Ich möchte Ihnen noch einige Items zur Positionalität aufzeigen, die für meine Typologie sehr wichtig sind. Den Befragten wurden bei der Stichprobe zwölf Statements vorgelegt und sie konnten die Vorgaben ankreuzen, die ihnen am ehesten entsprechen (Abbildung 6). Charakteristisch ist das innere Angewiesensein darauf, etwas besonderes zu sein, Befehle erteilen zu können, an der Spitze zu stehen, Recht zu haben usw. Es geht also immer um die Verteidigung der

Charakterisierung der Kausalitätsorientierungen

	Ursachen	**Merkmale**
Autonomie-orientierung *„zugewandt"*	Erfahrung des Akzeptiertwerdens, Sachbezogenes Feeback, Information über die Situation (die Folgen des eigenen Verhaltens), kein Druck zu bestimmten Verhalten.	Selbstvergessenes (intrinsisch motiviertes) Interesse an der Sache oder Person. Balance zwischen eigenen und fremden Interessen, Selbstvertrauen, Gelassenheit.
Kontroll-orientierung *„aggressiv"*	Erfahrung des Kontrolliertwerdens: außengelenkt, bevormundet (Belohnung, Bestrafung), außenbewertet, benutzt für fremde Zwecke, mit denen die Person sich nicht identifizieren kann.	Autoritär handeln, für andereentscheiden, sich durchsetzen wollen, andere kontrollieren, selbst kontrolliert fühlen, sich auf sozialen Aufstieg (auf Teilhabe an der Kontrolle), bedacht sein.
Impersonale Orientierung *„angepaßt"*	Demotivierende Erfahrungen: inkonsistentes, unberechenbares, übermächtiges Kontrolliertwerden.	Mangelndes Selbstvertrauen, nonintentionales Verhalten, Probleme auf andere abschieben, Ängstlichkeit, Hilflosigkeit.

Abb. 7

Gerhard Scherhorn

eigenen Position. Oder anders ausgedrückt: die innere Angewiesenheit auf eine hervorgehobene Position. Ich verweise hier noch einmal auf die Abbildung 5, die sich mit der „Gütergebundenheit" auseinandersetzt. Gütergebundenheit ist definiert durch eine innere Angewiesenheit auf Güter. Den Drang, viele Güter zu besitzen, viele Konsumgüter, und daß sie vor allem neu sind, eine gewisse Exklusivität repräsentieren, modisch sind und man dadurch dokumentieren kann, über einen gewissen Stil und ein gewisses Niveau zu verfügen.

Ich habe versucht, Ihnen aufzuzeigen, daß es einen bestimmten Typus von Personen gibt, die schon heute in der Lage sind, den Gebrauch zu revidieren oder ihn schon revidiert haben, kurzum: die in einem größeren Umfang bereits teilen, leihen und mieten. Daraus schließe ich, daß die Zahl derer, die sich so verhalten, notwendigerweise noch gering ist, weil über diese Persönlichkeitsstruktur bisher nur wenige verfügen. Nach meiner Schätzung liegt das Potential etwa bei 20 Prozent der Bevölkerung, doch dieses Potential ist noch längst nicht ausgeschöpft. Ein Drittel von denen, die bisher

Güter mit anderen *nicht* teilen, sagen, sie seien „auf diese Idee noch nicht gekommen". Und das gaben sie als wichtigsten Grund an. Unter denen, die so geantwortet haben, dürfte ein Teil sein Verhalten noch ändern. Viele antworteten, daß sie einfach mehr Informationen brauchten, um ihr Verhalten verändern zu können. Sie wüßten einfach nicht, was geteilt oder gemietet werden könnte. Andere haben den Wunsch geäußert, über Musterverträge zu verfügen, um neue Aktivitäten wagen zu können. Ich glaube daraus folgern zu können, daß das Potential schon jetzt größer wäre, wenn die von den Befragten eingeforderten Bedingungen erfüllt würden. Es wurde hervorgehoben, daß man vielleicht eine bessere Qualität der Ware erhielte, wenn man sich gemeinsam etwas anschaffte, weil man zum Beispiel mehr Geld ausgeben könnte. Als Resümee dieser kleinen Studie würde ich sagen: Es gibt ein gewisses Potential zur Ausbreitung der neuen Idee.

Gerhard Scherhorn

Wo liegen nun die Widerstände?

Sie ergeben sich ebenfalls aus der Persönlichkeitsstruktur, die ich Ihnen vorhin zu erläutern versucht habe. Die, die nicht mitmachen, denken besonders positional, das heißt, sie sind innerlich in besonderem Maße auf die Erhaltung ihrer Position angewiesen. Auch Menschen, die besonders gütergebunden sind, also in einer inneren Abhängigkeit davon leben, über viele, exklusive und immer neue Güter verfügen zu können, sowie Menschen, die besonders kontrollorientiert sind, verweigern sich gegenwärtig noch. Die beiden jungen Wissenschaftler, Arno Hoffmann und Joachim Pansegrau, haben dies noch einmal in Tiefeninterviews zu überprüfen versucht. Sie fanden dabei heraus, daß die, die sagten, sie würden das nicht mitmachen, besonders betonen, daß sie die Güter selbst ihr Eigen nennen wollen, also selbst besitzen wollen, selbst kaufen wollen und einem anderen nicht zutrauen würden, daß er sorgsam damit umgeht. Man kann hier eine klare Struktur von inneren Widerständen erkennen. Meine Schlußfolgerung daraus ist: Es gibt einen bestimmten harten Kern von Menschen, für die eine Verhaltensänderung in der Richtung, wie ich sie oben beschrieben habe, nicht in Frage kommt. Mit ihnen können wir nicht rechnen. Deshalb sollten wir uns auf die konzentrieren, die zwischen den beiden Extremen liegen. Und das ist in der Tat die große Mehrheit.

Fest steht, daß in unserer Gesellschaft gegenwärtig nichts getan wird, um die Revision des Gebrauchs zu propagieren. Im Gegenteil: das Kaufen wird propagiert. Daß ich das Produkt, das ich kaufe, für mich allein habe – das ist es, was gefördert wird. Woher das kommt, können wir heute viel besser verstehen als früher, denn es gibt inzwischen eine Menge von konsumhistorischen Untersuchen. Sie zeigen, daß der moderne Konsum nicht erst in den letzten Jahrzehnten, sondern zwischen dem 16. und 18. Jahrhundert entstanden ist. Als die Gesellschaftsstruktur des Feudalismus zu Ende ging, haben sich auch die Konsumgewohnheiten drastisch verändert. Das Modell, daß man sich nur die Konsumgüter kaufen oder anfertigen lassen konnte, die einem aufgrund der gesellschaftlichen Stellung zustanden, wurde in Frage gestellt. Immer mehr Menschen konnten nun Güter kaufen, die bislang nur dem Adel zugestanden hatten. Und dies ist vom Marketing der Anbieter von Anfang an ausgenutzt worden. Bis heute. Der Konsum ist bekanntlich geprägt durch den Wunsch, sich mit Gütern Symbole, die eine höhere Lebenshaltung dokumentieren, letztlich für eine höhere Position, zu erkaufen. Das ist zumindestens *eine* Wurzel des modernen Konsums.

Der fordistische Gesellschaftsvertrag

Es gibt noch eine zweite Wurzel, auf die ich hier näher eingehen möchte, nämlich auf den fordistischen Gesellschaftsvertrag. Henry Ford hat bekanntlich einmal gesagt: Ich bezahle meine Arbeiter so gut, daß sie mein Auto kaufen können. Damit hat er etwas zum Ausdruck gebracht, was bis in unsere Zeit die Gesellschaft geprägt hat, nämlich ein unausgesprochenes Übereinkommen zwischen denen, die arbeiten und konsumieren und denen, die die Güter produzieren und verkaufen. Nach dem Motto: Wir sind bereit, entfremdende Arbeitsbedingungen hinzunehmen, wenn wir dafür Konsumgüter bekommen, und zwar immer mehr und immer bessere. Dieser fordistische Gesellschaftsvertrag läuft bekanntlich heute aus. Denn er enthielt das Versprechen auf ein „normales" Vollzeit-Arbeitsverhältnis; das aber wird inzwischen aufgekündigt. Und damit wird natürlich auch die Position des anderen Vertragspartners, des Konsumenten, verändert. Wenn er nämlich keinen festen, garantierten Arbeitsplatz mehr hat und damit auch kein regelmäßiges, angemessenes Einkommen im Sinne von Henry Ford, dann kann er auch in Zukunft nicht mehr so konsumieren, wie Henry Ford sich das vorgestellt hat.

Aus diesen beiden Wurzeln hat sich der Prozeß der *Kommerzialisierung* entwickelt. Er zeigt sich darin, daß immer mehr menschliche Beziehungen abgewickelt werden über wirtschaftliche Vorgänge – über Verträge, über das Kaufen, über den Besitz von wirtschaftlichen Gütern. Das geht so weit, daß alte Menschen, bevor sie ganz vereinsamen, sich *Beachtung kaufen*, indem sie zu den Zeiten einkaufen gehen, in denen auch die Berufstätigen einkaufen, und diese dann verärgern. Sie finden leider dafür wenig Verständnis, daß sie deshalb am Abend einkaufen, um auf diese Weise Beachtung zu finden. Dies ist das deutlichste und traurigste Zeichen von Kommerzialisierung, das ich mir überhaupt vorstellen kann. Aus all diesem ergeben sich die entgegenwirkenden Einflüsse – also die Einflüsse, die einen immer wieder auffordern: „kauf, kauf, kauf" – und so darauf hinwirken, den Gütergebrauch eben nicht zu revidieren.

Revision des Ressourcengebrauchs

Zum Schluß möchte ich noch auf die restlichen zwei Dimensionen eingehen, die ich Ihnen zu Anfang genannt hatte: nämlich die Revision des Ressourcengebrauchs und die Revision des Machtgebrauchs. Die Revision des Ressourcengebrauchs, also die Reduktion des Gebrauchs von Luft, Wasser, Boden, Energie, Stoffströmen – Herr Schmidt-Bleek hat vorhin schon ausführlich darauf hingewiesen, so daß ich mir hier eine nähere Erläuterung erspare –, bedeutet nicht nur, daß man vom Kaufen zum Leihen übergeht, sondern auch, daß man von Produkten mit kurzer zu Produkten mit längerer Lebensdauer wechselt. Weiterhin bedeutet sie, daß man übergeht zur Eigenproduktion, worauf wir sicherlich in der Diskussion noch näher eingehen werden.

Es geht um den Einsatz von Ressourcen über die gesamte Lebensdauer von Gütern – also von den Anfängen der Produktion bis zur Entsorgung. Und daß man anhand der Gesamtkosten, die ein Produkt verursacht, sich für dieses oder jene System entscheidet. Wie ich gehört habe, will die Stiftung Warentest diese Systembetrachtung in Zukunft stärker berücksichtigen. Was bedeuten würde, daß man zum Beispiel nicht mehr Heizkessel miteinander vergleicht, sondern auch die „Systeme" nennt, die anstatt des Heizkessels gewählt werden könnten.

So würden wir uns vielleicht der Lösung des Problems nähern, vor dem wir gegenwärtig stehen, wenn wir beim Kauf eines Gutes überhaupt nicht darüber informiert werden, wie hoch die Gesamtheit der Kosten zusätzlich ist. Daraus entsteht die Unersättlichkeit der Güterwünsche. Weil wir nur einen Teil der Gesamtkosten sehen, nämlich den Preis des Gutes, kaufen wir ein Gut nach dem anderen. Und da wir die Kosten der Umweltbelastung nicht kennen, wenn wir kaufen, fällt uns das leicht. So orientieren wir uns immer nur an der Attraktion eines Produktes und seiner Preiswürdigkeit. Würden wir die Gesamtkosten kennen, würden wir überlegter vorgehen und unsere Kaufgelüste würden in Zukunft nicht mehr unersättlich sein.

Ich glaube, daß dies für die Mehrheit der Bevölkerung gilt. Es fehlen Monitore, die uns ständig darauf hinweisen, welche Kosten wir verursachen, wenn wir dies oder das kaufen oder dies oder das in Gang setzen. Das Fehlen dieser Monitore bringt uns in eine Situation, die die Psychologen Kontroll-Illusion nennen: Wir *glauben*, wir hätten alles unter Kontrolle, während das Gegenteil der Fall ist – wie die Kreditkarte beweist. Inzwischen ist nachgewiesen, daß die Nutzung der Kreditkarte zu höherer Verschuldung führt, obwohl die, die sie nutzen, der Meinung sind, sie hätten ihre Ausgaben genauso unter Kontrolle, wie wenn sie Bargeld benutzen würden. Um also die Revision des Ressourcenverbrauchs wirklich herbeizuführen, benötigen wir Monitore, die uns aufzeigen, welche Ressourcen wirklich verbraucht werden und welche Kosten entstehen.

Revision des Machtgebrauchs

Als dritte Dimension hatte ich die Revision des Machtgebrauchs genannt. Wir sprechen, um die Marktwirtschaft zu rechtfertigen – und ich tue das auch, weil ich an die soziale Marktwirtschaft glaube –, von der Souveränität der Konsumenten. Dabei gehen wir von der Vorstellung aus, daß die Konsumenten, bei allen Schwächen des Systems, letztendlich entscheiden, was produziert wird. Diese Vorstellung trifft jedoch erst für die zweite Stufe der Konsumenten-Souveränität zu, die ich hier im einzelnen explizieren möchte.

Die erste Stufe ist dann erreicht, wenn man zwischen verschiedenen Marken eines Produkts wählen kann. Das ist zum Beispiel gegeben, wenn ich zwischen einem Kühlschrank des Produzenten A und einem Kühlschrank des Produzenten B entscheiden kann. Zugrunde liegt, daß die *Kaufentscheidung* in jedem Fall getroffen wird, daß wir aber, durch die Werbung bedingt, uns suggerieren lassen, uns für A und nicht für B zu entscheiden. Solange ich aber nur zwischen den Marken wählen kann, erhalte ich keine Antwort auf die Frage nach der Ressourcenproduktivität.

Die zweite Stufe der Konsumenten-Souveränität nenne ich *Bedarfsentscheidung*: Sie läßt uns zwischen verschiedenen *Systemen* wählen. Am Beispiel expliziert: Ich sage nicht, ich will einen bestimmten Kühlschrank, sondern ich sage, ich möchte bestimmte Sachen *kühlen*. Und dann gehe ich auf die Lösung meines Anspruchs zu, indem ich mich erkundige, welche Lösungs*möglichkeiten* es gibt, um dieses Bedürfnis *Kühlen* zu befriedigen. Natürlich steht im Hintergrund auch immer die Frage, ob ich das Produkt, das ich kühlen will, überhaupt durch Energieaufwand kühlen muß. Also ob ich überhaupt ein Kühlsystem oder einen Kühlschrank usw. benötige. Ob nicht zum Beispiel auch der Keller ausreicht. Dann kommt die Frage, ob ich nicht auf anderem Wege – durch Teilen, Mieten, Leihen – mein Problem lösen kann. Was ich damit sagen will: In der Bedarfsentscheidung ist auch immer eine sogenannte Null-Option enthalten, was so viel bedeutet: ich mache es gar nicht.

Wenn Sie das genau bedenken, wird Ihnen bewußt, daß die Bedarfsentscheidung zusammenhängt mit dem, was ich vorhin als *Autonomieorientierung* bezeichnet habe. Denn in diesem selbstbestimmt-entscheiden-Können liegt eine Affinität zur Revision des Gebrauchs. Dahin kommt man immer nur, wenn man sich ernsthaft fragt, ob man das, was zur Entscheidung ansteht, überhaupt entscheiden will oder ob ich das Produkt, was ich kaufen will, überhaupt benötige. Diese zweite Stufe der Konsumenten-Souveränität, die Bedarfsentscheidung, ist bei der Revision des Gebrauchs gefordert. Das heißt, gegen den Strom zu schwimmen. Denn „Nein" zu sagen, also zu entscheiden, ich brauche dies im Grunde genommen gar nicht, läuft den Interessen der Produzenten entgegen.

Offensichtlich befinden wir uns in einer Situation, in der die Konsumwünsche nachlassen. Die Entwicklung der Wirtschaft kann man auch so kennzeichnen: Früher wurde produziert, um konsumieren zu können, weil es echte Bedürfnisse gab und weil man bestimmte Produkte tatsächlich brauchte, um sein Leben entsprechend gestalten zu können. Heute wird konsumiert, damit produziert werden kann. Dies ist im Bewußtsein der Menschen in unserer Gesellschaft sehr stark verankert. Ich habe das bei einer Studie über Kaufsucht erfahren. Da war jeder Konsument – auch Journalisten, Wissenschaftler – sofort mit der Frage zur Hand: Ja, um Gottes Willen, was soll denn mit den Arbeitsplätzen passieren, wenn wir nicht mehr konsumieren? Wenn wir also nicht mehr süchtig kaufen? Für mich ist das Beweis dafür, daß im allgemeinen Bewußtsein die Meinung vorherrscht: es *muß* gekauft werden, um die Produktion in Gang zu halten. Mit anderen Worten: Es muß mehr gekauft werden als gebraucht wird, *wirklich* gebraucht wird. Deswegen muß immer intensiver geworben werden.

Weil das so ist, haben die Konsumenten heute die knappste Ressource. Sie sind nämlich diejenigen, die den knappsten Produktionsfaktor besitzen. Der amerikanische Ökonom John Kenneth Galbraith hat die These aufgestellt, daß die Machtverhältnisse in einer Gesellschaft entscheidend von der Frage beeinflußt werden, wer die Verfügung über die jeweils knappste Ressource hat. Das war, als die Gesellschaft noch agrarisch strukturiert war, bekanntlich der Boden. Da lag die Macht der Gesellschaft bei den Grundbesitzern. Zeitweilig war es das Kapital, als es knapp war. Und da lag die Macht bei den Kapitaleigentümern. Als Galbraith vor 30 Jahren die These aufstellte, da war das Technikwissen „an der Macht". Und heute könnte es mehr und mehr das Bedürfniswissen sein, das den knappsten Produktionsfaktor darstellt. Das wäre jedenfalls für mich, der sich mit Konsumentenverhalten beschäftigt, eine sehr willkommene Entwicklung. Jedenfalls würde es zur Revision des Gebrauchs ganz wesentlich beitragen.

Rolf Wüstenhagen, Gerhard Scherhorn, Andreas Drinkuth

Diskussion:

Huncke: Ich hoffe, daß Sie sich während des Vortrags von Herrn Scherhorn auch mal gefragt haben, ob Sie eher kontroll- oder autonomieorientiert sind. Herr Scherhorn hat uns mit einer Typologie konfrontiert, die durch drei Dimensionen geprägt ist: die Revision des Gütergebrauchs, die Revision des Ressourcengebrauchs und die Revision des Machtgebrauchs. Ich hielte es der Systematik wegen für am besten, wenn wir die einzelnen Themenkomplexe systematisch in der Diskussion abarbeiten würden.

Heidborn: Mir ist aufgefallen, Herr Scherhorn, daß Sie bei der Frage nach der Motivation für den Verzicht auf Gütergebrauch nur materielle Gründe angeführt haben, aber zum Beispiel nicht das Moment der Gemeinsamkeit. Menschen benutzen oder verleihen doch sicherlich auch Produkte, weil sie ein soziales Bedürfnis haben. Gibt es dazu neuere Erkenntnisse?

Scherhorn: Dies wurde zwar als Motiv aufgeführt, aber zu meiner eigenen Überraschung in untergeordneter Rolle. Vielleicht sollte ich noch einmal betonen, daß ich in meinen Ausführungen nur die häufigsten Motive genannt habe.

Drinkuth: Inwieweit hat die Häufigkeit des Gebrauchs der Güter eine Rolle gespielt? Ich könnte mir vorstellen, daß man ein Produkt, das man häufiger gebraucht, lieber selbst besitzen möchte.

Scherhorn: Das ist ganz eindeutig so. Das liegt ja auch in der Logik der Sache: man teilt oder mietet Güter, die man seltener braucht. Wer hingegen ein Produkt, zum Beispiel das Auto, jeden Tag verwendet, wird es nicht teilen wollen.

Ax: Es kam ein bißchen so rüber, Herr Scherhorn, daß Sie das Besitzenwollen sehr negativ bewerten. Die negative Besetzung findet ihrer Meinung durch den Wunsch nach Kontrolle statt. Ich halte das für problematisch, wenn es gar nicht mehr nur um das Besitzen geht. Viele Menschen wollen bestimmte Konsumgüter gar nicht mehr besitzen. Es geht ihnen gar nicht mehr um die Sache, auch nicht als Selbstzweck. Andere wollen eine Sache gerade um ihrer selbst willen besitzen, sie dann natürlich auch pflegen und warten. Steckt hinter dieser Art von Besitzenwollen eine andere Haltung? Ist das nicht positiv einzustufen?

Scherhorn: Ich habe in meinen Ausführungen von Gütergebundenheit gesprochen und habe damit gemeint – das kam in den Statements zum Ausdruck –, daß da eine innere Abhängigkeit von Gütern vorliegt. Ich habe versucht, dies nicht wertend zu betrachten. Wobei ich nicht ausschließen kann, daß hier immer eine Wertung mitschwingt. Und zwar einfach deswegen, weil Abhängigkeit etwas einseitiges, übertriebenes ist. Das heißt aber nicht, daß etwas besitzen zu wollen etwas Negatives ist. Sie haben, Frau Ax, zum Ausdruck gebracht, daß viele Menschen Dinge um ihrer selbst besitzen wollen, sie dann auch instand halten, ihren Wert erhalten, dafür eben auch Verantwortung tragen. Diese Beziehung ist nicht identisch mit der, die ich mit Gütergebundenheit zu umschreiben versucht habe.

Ax: Ich hatte Gelegenheit, mich mit Schuhmoden auseinanderzusetzen und habe dabei festgestellt, daß die Wahl des Schuhs immer, so zeigt die Geschichte, ein Element der sozialen Distinktion aufwies. Mode wurde immer von den Herrschenden. Mit einem Wort: Jeder, der es sich leisten konnte, trug den Schuh der Herrschenden. Er versuchte sich dadurch die Gruppenzugehörigkeit zu erkaufen und damit zu signalisieren, daß er auch zu den Erfolgreichen gehört. Dieses Positionsgut, Herr Scherhorn, gibt es offensichtlich schon sehr lange. Was ich daraus gelernt habe: Die Eliten spielen offensichtlich eine wichtige Rolle in diesem sozialen Kontext.

Friedrich: Ich gehöre zu den Menschen, die glauben, daß die Grundstruktur unserer Gesellschaft eine Aneignungsgesellschaft ist. Wir haben nun die Aufgabe, dies in eine Art Partizipationsform zu ändern, wenn ich das mal so ausdrücken darf. Gibt es Untersuchungen, die Aussagen machen über das Sammeln, über die wirtschaftliche Funktion des Sammelns? Mir geht nämlich seit Jahren die Idee durch den Kopf, daß – wenn wir sie denn aus arbeitspolitischen Gründen immer weiter produzieren müssen – wir die Autos zu Sammelobjekten machen sollten. Dann hätten sie weniger Auswirkungen auf die Umwelt, denn Sammelobjekte werden bekanntlich geschont und es könnte in einem fort gesammelt und getauscht werden usw. Um nicht mißverstanden zu werden: Ich möchte die

Hans-Hermann Braess, Christiane Friedrich, Friedrich Schmidt-Bleek

Autos nicht abschaffen, sondern ihre Funktion gern ein wenig erweitern. Weiterhin möchte ich nachfragen, wie Sie es mit dem knappsten Produktionsfaktor, dem Bedürfniswissen, halten. Ich habe nicht verstanden, wo die lenkende Möglichkeit bestünde, um diese Einsicht im Hinblick auf eine notwendige Strukturveränderung einzusetzen.

Scherhorn: Zwei Fragen, zwei Antworten. Autos zu sammeln, finde ich eine hervorragende Idee. Will man sie nämlich sammeln, müssen sie langlebig sein. Ich habe durch meine Untersuchungen herausgefunden, daß es zwischen einem leidenschaftlichen Sammler und einem süchtigen Sammler einen Unterschied gibt. Der wirkliche Sammler geht mit seinen Produkten sehr kenntnisreich um, lebt mit ihnen, lernt von ihnen und kann vor allem warten, bis er das eine oder andere Stück findet, das noch in seiner Sammlung fehlt. Und wenn er das gefunden hat, hört er auf weiter zu suchen. Der süchtige Sammler hingegen muß nach zwei Wochen, hat er etwas gefunden, wieder losgehen, um ein weiteres Stück zu finden.

Zum Bedürfniswissen. Wenn es so ist, daß die knappste Ressource in Zukunft das Wissen um die eigenen Bedürfnisse ist und das Wissen darum, wie man sie vernünftig befriedigt, wie man zum Beispiel Systemvergleiche anstellt usw., dann tut sich in der Tat die Frage auf: Wo besteht eine lenkende Möglichkeit, um den Strukturwandel voranzutreiben? Die lenkende Möglichkeit kann meiner Ansicht nach nur darin liegen, daß Menschen bessere Informationen bekommen, daß sie mit Monitoren ausgestattet werden, durch die sie verwerten können, was sie tun, was sie auswählen. Denn schließlich wollen wir den Menschen ja nicht *vorschreiben,* was sie auswählen sollen. Im Augenblick sieht es so aus, daß ein großer Teil der Konsumenten zunehmend mündiger wird. Vielleicht ist der *mündige Verbraucher* das neue Leitbild, vorausgesetzt, daß er in die Lage versetzt wird, die wirklichen Kosten eines Produktes zu erkennen: durch Information, durch Systemvergleich.

Friege: Ich bin sehr skeptisch gegenüber dem, was Sie zu Leihen, Tauschen usw. gesagt haben, Herr Scherhorn. Ich glaube, daß es noch etliches an Rahmenbedingungen zu verändern gilt, bevor das von der breiten Öffentlichkeit angenommen wird. Ich möchte Sie deshalb fragen, ob es Studien gibt, die nachweisen, ob sich in diese Richtung wirklich was verändert hat? Gibt es etwas neues oder läuft das auf eine Art Car-Sharing in anderer Ausprägung hinaus?

Scherhorn: Leider gibt es darüber keine genauen Zahlen, weil sich in der Vergangenheit dafür niemand richtig interessiert hat. Wir wissen aus eigener Erfahrung, daß die gemeinsamen Waschküchen abgeschafft wurden mit der Folge, daß jeder seine eigene Waschmaschine in der Küche oder im Keller hat. Wir erkennen jedoch, daß offensichtlich mehr geteilt wird, wobei das Car-Sharing, sie nannten es schon, als das einzige handfeste Beispiel zu nennen ist. Da entwickelt sich etwas, obwohl die Zahl derer, die das wirklich nutzen, eine kleine Minderheit ist. Um wirklich was zu bewegen, müssen in der Tat die Rahmenbedingungen entsprechend geändert werden. Das entscheidende dabei wird sein, Informationen über die wahren Kosten von Produkten zu vermitteln. Ich bin optimistisch, daß die Minorität wachsen wird, die – wie ich das vorhin ausgeführt habe – sich aus der Mehrheit, die zwischen den beiden Polen steht, speisen wird.

Menke-Glückert: Haben Sie sich, Herr Scherhorn, mal mit der Markenartikel-Werbung im Fernsehen auseinandergesetzt, wo schon die Kinder indoktriniert werden, daß bestimmte Jeans wichtig sind, weil man damit ein gewisses Sozialprestige in seiner Gruppe erreicht? Wird nicht ein ungeheurer Druck auf Kinder ausgeübt, dies oder das Produkt zu kaufen? Ist es nicht ein Skandal, daß diese Konzepte sogar im öffentlich-rechtlichen Fernsehen vorgestellt werden? Ich denke, daß im Gegenteil das öffentlich-rechtliche Fernsehen die Pflicht hätte, Sendungen auszustrahlen, in denen die Informationen, die Sie gefordert haben, dem Publikum vermitteln würden.

Ich habe in einer Untersuchung mit der Wirtschaftsfachhochschule Koblenz festgestellt, daß die Antworten, die in Fragebogen gegeben werden, sich wesentlich unterscheiden von dem, was dann hinterher bei Kaufentscheidungen tatsächlich stattfindet. Wir haben uns zum Beispiel mit der Frage der Verpackungsvermeidung usw. auseinandergesetzt und dabei festgestellt, daß nur 20 Prozent der Befragten sich tatsächlich so verhalten haben, wie sie bei der Beantwortung der Fragebögen geschrieben haben. Wenn wir eine *Zukunftsfähigkeit im Kopf* wirklich erreichen wollen, dann muß noch viel geschehen, damit die Informationen, die Sie einfordern, Herr

Peter Menke-Glückert

Scherhorn, als etwas positives, als eine Steigerung der Lebensqualität usw. empfunden werden.

Rabelt: Mich beschäftigt die Frage, Herr Scherhorn, wie wir das Potential der Autonomieorientierten vergrößern könnten. Ihre Ausführungen verleiten micht zu einer Vermutung, ob nicht gerade diejenigen in unserer Gesellschaft, die in den gehobenen Positionen sind, die Eliten, die die Möglichkeiten hätten, ein anderes Produktverhalten voranzutreiben, die Kontrollorientierten sind, die in Ihrer Untersuchung gar nicht so bereit waren, ihr Produktnutzungsverhalten zu ändern? Gibt es Untersuchungen über diese Zusammenhänge?

Wie Sie wissen, laufen auch im Umweltbundesamt verschiedene Studien zum Thema „Umweltbewußtsein" und „Umweltverhalten". Dabei wurde deutlich, daß das Umweltwissen das Umweltverhalten nicht im wesentlichen steuert. Die Frage ist, wie entsteht ein anderes Konsumverhalten?

Scherhorn: Was das Verhältnis zwischen Umweltbewußtsein und Umweltverhalten betrifft, so glaube ich, drückt sich das Bewußtsein nicht immer im Verhalten aus, weil jeder von uns in einer bestimmten Infrastruktur lebt, und wenn die nun mal nicht umweltfreundlich ist, dann kommt man sich wie ein Außenseiter vor. Wenn ich Zeit und Geld aufwende, um etwas für die Umwelt zu tun, dann aber merke, daß immer die anderen genau für das gegenteilige Handeln belohnt werden – zum Beispiel durch die niedrigen Benzinpreise –, dann wird mir sehr schnell die Motivation ausgehen, an meinem umweltgerechten Verhalten festzuhalten. Dann werden nur die extrem autonomieorientierten dagegenhalten, für die anderen muß die Infrastruktur geändert werden.

Umweltschonendes Verhalten – darauf möchte ich gern noch mal aufgrund meiner eigenen Untersuchungen hinweisen – ist etwas, was man gemeinsam tut. Man kann sogar so weit gehen zu sagen, daß umweltschonendes Verhalten letztlich eine Gemeinschaftsaktion ist und nur als Gemeinschaftsaktion auch wirklich gelingt. Und dann muß man fragen, wie Gemeinschaftsaktionen überhaupt zustande kommen. Und die kommen zustande – auch das wissen wir aus Untersuchungen – wenn Menschen wirklich miteinander kommunizieren, wenn sie ein Wir-Gefühl bilden und sie zu der Einsicht kommen, daß man, um es zu erhalten, dafür auch einiges tun muß.

Geschka: Ich möchte das Konzept von Herrn Scherhorn „teilen, leihen, mieten" hinterfragen. Mir ist der ressourcensparende Effekt noch nicht klar. Wir gehen bekanntlich davon aus, daß Ressourcen sowohl bei der Herstellung als auch bei der Nutzung gespart werden sollen und können. Bei der Nutzung wird sich nichts verändern; die Teilpartner nutzen das gleiche Produkt entsprechend ihrem Bedarf. Wir müssen davon ausgehen, daß technische Produkte nach einem bestimmten Nutzungsvolumen verbraucht sind. Sie müssen dann ersetzt werden. Wenn also ein Rasenmäher, eine Waschmaschine oder ein Pkw eine bestimmte Zahl von Betriebsstunden oder Laufkilometern erreicht hat, ist das Produkt schrottreif. Eine Teilgemeinschaft muß also bei höherer Nutzung früher das Produkt durch ein neues ersetzen. Bei individuellem Besitz werden mehrere Produkte über eine lange Nutzungszeit eingesetzt, bei der Teilgemeinschaft ist jeweils nur ein Produkt im Einsatz, das aber in kurzen Zeitabständen ersetzt werden muß. Im eingeschwungenen Zustand werden ebensoviele Produkte gekauft wie bei individuellem Besitz. Die Teilgemeinschaft hat allerdings den Vorteil, daß sie in kürzerem

Horst Geschka

Abstand über neue Modelle verfügt, die mit neuerer Technik ausgestattet sind. Dies kann in ökologischer Sicht ein Vorteil sein (die neueren Modelle sparen mehr Energie); es kann aber auch ein Nachteil sein (die neueren Modelle sind aufwendiger und teurer). Ein Nachteil ergibt sich für die Teilgemeinschaft auch daraus, daß Abstimmungen (Koordination) und Verteilung (Transporte, Fahrten) erforderlich werden und das Gerät weniger sorgfältig gepflegt wird. Ich kann jedenfalls keine generelle und eklatante Ressourcenschonung des „teilens, leihens, mietens" erkennen.

Scherhorn: Wenn fünf Personen ein Auto teilen oder mieten oder gemeinsam nutzen, dann wird es besser ausgenutzt. Als Gegenargument haben Sie angeführt, daß durch die Nutzung von fünf Personen das Auto auch schneller verbraucht würde. Selbst wenn die Abnutzung ein bißchen schneller erfolgen sollte, halte ich das nicht für ein Gegenargument. Im übrigen wissen wir, daß die meisten Produkte nicht deswegen ausrangiert werden, weil sie „physisch" am Ende sind, sondern weil der Drang besteht, wieder etwas neues anzuschaffen.

Friege: Es ist insofern darüber hinaus eine Ressourcenersparnis beim Car-Sharing gegeben, als sich – wie Untersuchungen zeigen – das Nutzungsverhalten der einzelnen gegenüber dem beim Autobesitz ändert: Car-Sharer reduzieren ihre jährliche Kilometerleistung. Oder ein anderes Beispiel: Bei Waschmaschinen-Sharing können halbgewerbliche Maschinen eingesetzt werden, die eine fünffach höhere Lebensdauer gegenüber üblichen Haushaltswaschmaschinen aufweisen.

Nick: Wenn ich mich an einem Car-Sharing beteilige, dann heißt das, daß ich Kosten spare, daß ich also einen Teil meines Einkommens für andere Dinge wieder ausgeben kann. Ökonomisch gesprochen liegt hier ein Einkommenseffekt vor. Ich spare vielleicht Ressourcen in dem Konsumfeld Auto, sorge aber dafür, daß in anderen Feldern zusätzliche Ressourcen verbraucht werden.

Stahel: Ich glaube, daß es tausende von Tätigkeiten gibt, die wenig Ressourcen verbrauchen, wie zum Beispiel Theater- und Konzertbesuch, Sprachen lernen usw., und daß in dieser Diskussion zu sehr an Konsum von Gütern gedacht wird.

Stiller: Ein großer Nachteil für das Car-Sharing besteht immer noch darin, daß man frei parken kann, also Raum nutzt, ohne dafür zu bezahlen.

Tegethoff: Als Vertreter eines Verbraucherverbandes werden wir das Konzept „Teilen, Mieten usw." natürlich unterstützen. Aber ich möchte davor warnen, stillschweigend davon auszugehen, daß Leihen und Mieten generell unter dem Aspekt des Ökologischen, also des Ressourcensparens, so wesentlich besser abschneiden. Traditionell werden Dinge bekanntlich nicht aus ökologischen Aspekten heraus verliehen. Früher konnte man sich zum Beispiel den Buchkauf nicht leisten, deshalb gab es die Leihbücherei. Und die gibt es heute noch. Und wird es in Zukunft verstärkt geben. Ich denke, daß der ökonomische Aspekt des Leihens oder des Nutzens auf Zeit mehr und mehr in den Mittelpunkt gerät, weil aufgrund der hohen Arbeitslosigkeit die einzelnen Haushalte in Zukunft die Mark umdrehen müssen, um sich das eine oder andere überhaupt leisten zu können und dann notgedrungen eben auf Leihen, Teilen oder Mieten ausweichen müssen.

Andererseits können wir die ökologische Diskussion dadurch stärken, daß wir handfeste Ökobilanzen vorlegen, die für Produkte wie Auto oder Schlagbohrmaschine nachweisen können, daß das Leihen im Hinblick auf die Ressourcen- oder Energiebilanz wesentlich besser ist. Jedoch dürfen wir nicht vergessen, daß Leihen sehr oft auch mit Transport und Verkehr verbunden ist, weil nicht jeder, der eine Schlagbohrmaschine leiht, mitten in der Großstadt wohnt, sondern oft einige Kilometer fahren muß und dadurch ökologische Probleme verursacht.

Happich: Ein Auto, das als ökologisch verträglicher angesehen werden kann, wird sicher zur Absatzförderung beitragen. In diesem Zusammenhang bietet die Werbung, die ich anders werte als Herr Menke-Glückert, oft die einzige Möglichkeit für ein Unternehmen, Innovationen der breiten Öffentlichkeit bekannt zu machen. Wie sonst soll einem Verbraucher ein Produkt nahegebracht werden?

Was mir ein bißchen zu kurz gekommen ist in der Analyse, Herr Scherhorn, sind Grenzen. Ich stelle fest, daß gewachsene Strukturen in der Universität zwischen Studenten und Dozenten zerstört werden, und zwar durch die Art und Weise, wie mit dem Eigentum umgegangen wird. Es steht doch fest, daß Lehrmittel, Untersuchungsgeräte, Fotoapparate usw. einfach verschwinden und dadurch nicht mehr für die Allgemeinheit zur Verfügung stehen. Wo finden sich in ihrer Untersuchung die Personen, die alles mitgehen lassen?

Scherhorn: Was Sie über den Umgang mit Geräten und Gemeingut in Universitäten gesagt haben, kann ich nur unterstreichen. Ich bedaure auch sehr, daß sich das so entwickelt hat. Untersucht in der Studie, über die ich berichtet habe, haben wir das nicht. Ob es ökologisch besser ist, einen Bohrer, den man nur einmal im Jahr braucht, zu kaufen als für vier Kilometer Benzin zu verfahren, das ist inzwischen untersucht, um auf Ihr Argument, Herr Tegethoff, einzugehen: Der Benzinverbrauch ist in diesem Fall sicherlich geringer als der Material- und Energieverbrauch für den Bohrer.

Was nun die Werbung betrifft, die Sie auch angesprochen haben, Herr Happich, so glaube ich, daß es eine Menge von Kräften in dieser Gesellschaft gibt, die gerade durch die Werbung die Revision des Gebrauchs verhindern wollen.

Geht der fordistische Gesellschaftsvertrag zu Ende?

Drinkuth: Sie hatten den fordistischen Gesellschaftsvertrag, Herr Scherhorn, definiert als „Konsumgüter für entfremdete Arbeit". Sie hatten weiter ausgeführt, daß er sich inzwischen aufzulösen beginne, weil die Zahl der Normal-Arbeitsverhältnisse zurückgehe. Ich gehe davon aus, daß *fordistisch* bei Ihnen für „entfremdete Arbeit" steht. Damit würde unter Humanisierungsaspekten ‚entfremdete Arbeit' weniger weden, was zu begrüßen ist. Nur: Der Grundgedanke dieses Vertrages reicht natürlich wesentlich weiter. Denn Arbeit kann und sollte darüber hinaus Sinn sein oder Sinn geben. Meine Frage: Wenn diese normalen Arbeitsverhältnisse zurückgehen, was kann den fordistischen Gesellschaftsvertrag ersetzen – zum Beispiel um die Reproduktion mit sinnerfüllender Arbeit zu sichern?

Scherhorn: Wenn es so einfach wäre, daß die Aufhebung der normalen Arbeitsverhältnisse die entfremdete Arbeit einschränken würde, hätte ich genügend Argumente, dies positiv zu bewerten. Und ich könnte vielleicht argumentieren, daß etwas neues, anderes an die Stelle tritt, zum Beispiel Eigenarbeit. Denkbar wäre auch, daß an die Stelle des bisherigen Arbeitsverhältnisses *zwei parallel laufende* Arbeitsverträge träten. Das könnte sich sowohl auf die Konsumentensouveränität als auch auf die Befindlichkeit des Menschen – nämlich Befriedigung durch Arbeit – auswirken. Nur: So einfach ist das ganze Problem nicht, und ich möchte darauf hinweisen, daß ich darüber gerade eine größere Arbeit vorbereite, die ich im Herbst auf dem Jahreskongreß des Wissenschaftszentrums Nordrhein-Westfalen vortragen möchte.

Maser: Müßte man nicht anstelle *entfremdeter* Arbeit *bezahlte* Arbeit sagen? Es gibt ja auch unbezahlte entfremdete Arbeit, und zwar in großem Maße. Und das, was wohl knapper werden wird, ist die bezahlte Arbeit. Im Augenblick wird wieder öfter darüber diskutiert, in Zukunft wieder mehr und mehr auf Apparaturen und Maschinen zu verzichten, damit der Beschäftigte wieder selbst mehr zupacken kann. Ich glaube, daß nicht das Entfremdungsproblem der Knackpunkt ist, sondern die Ökonomie.

Ax: Wir hatten kürzlich eine Diskussion über das Thema „Arbeit und Handwerk", in der ein Handwerker sagte: Das Handwerk selber

Siegfried Maser, Medhat Zidan

ist das Lohngeld. Ich denke, daß dies eine völlig andere Sicht von Arbeit zum Ausdruck bringt. Im traditionellen Handwerk ist bekanntlich die Arbeit eine *ganzheitliche* Arbeit, in der sich die Persönlichkeit auch selbst weiterentwickeln kann. Dadurch kann die Arbeit selbst auch als Lohn empfunden werden, das Geld als Lohn für die Leiden, die bei der Arbeit empfunden werden.

Friedrich: Ich glaube, daß der fordistische Gesellschaftsvertrag in der Tat nicht mehr in das nächste Jahrhundert passen wird. Wir haben durch die Technik eine Produktivitätssteigerung erlebt, die den Faktor „menschliche Arbeitskraft" nicht mehr benötigt, um ein besseres Produkt herstellen zu können. Ein typisches Beispiel dafür ist die Biotechnologie. Sie leistet per definitionem etwas, was der Mensch nicht kann. Ob dies gut oder schlecht ist, sei dahingestellt.

Scherhorn: Arbeit als Verteilungsmechanismus für Reichtum – was tritt an dessen Stelle? Ich glaube, daß Arbeit heute nicht mehr der wirkliche Verteilungsmechanismus ist, sondern der Konsum. Deswegen gibt es die Diskussion um die Ökologische Steuerreform, die ja nichts anderes will, als Ressourcen zu besteuern und mit dem so erworbenen Geld die Arbeit billiger zu machen. Das Verteilen können wir meiner Ansicht nach anders lösen: zum Beispiel durch ein Bürgergeld, ein Grundeinkommen, mit dem man notfalls seine Existenz fristen kann. Zudem ist es denkbar, daß Arbeit mehr und mehr durch den einzelnen selbst bestimmt wird und daß man in Zukunft nur das arbeitet, was einem Freude macht und was man wirklich für wichtig hält. Und alles andere müßte man dazuverdienen. Das wäre ein Gegenmodell, über das ja gegenwärtig viel diskutiert wird.

Spielhoff: Eine Menge Umweltprobleme entstehen dadurch, daß zu viel produziert wird. Die Steigerung ist schlicht unübersehbar. Wenn man dies mal genau analysiert und fragt, wo denn die Vorteile sind, so stellt man fest: beim Verbraucher nicht.

Wenn ich mit meiner Mutter darüber diskutiere, welche Anforderungen in meiner Kindheit an den Konsum gestellt wurden, dann stelle ich fest: Als Kind trug ich eine Lederhose, und zwar jeden Tag. Heute ist die Lederhose nicht mehr „in". Man trägt eine Stoffhose,

Hans-Peter Spielhoff, Carl Kutzbach

die ständig gewaschen und gebügelt werden muß. Der Aufwand für die Pflege ist wesentlich größer.

Natürlich macht es keinen Sinn – was vorhin angesprochen wurde –, eine Bohrmaschine von einem Ort in 10 Kilometer Entfernung mit dem Auto zu holen. Wenn ich sie jedoch wirklich benötige, treibe ich diesen Aufwand. Nur: Unter ökologischem Aspekt könnte man das auch mit dem Fahrrad erledigen. Dann könnte ich mir während der Fahrt überlegen, wie ich die Bohrmaschine optimal einsetze und wie ich zum Beispiel meinen Schrank baue. Ich bekäme auf diesem Wege auch ein anderes Verhältnis zur Zeit, weil ich mit dem Fahrrad länger unterwegs bin, aber nicht so getrieben , wie wenn ich mit dem Auto fahren würde. Und das ist genau das, was wir für ökologisches Denken benötigen: eine andere Zeiteinteilung, ein anderes Zeitbewußtsein. Aber wie schwierig es ist, heute solche ökologischen Grundsätze durchzusetzen zeigte mein Versuch, ein Fahrrad als „Dienstfahrzeug" einzusetzen: Ein unglaublicher Aufwand an Schriftwechsel, Auseinandersetzungen mit dem Finanzamt, mit dem Steuerberater usw.

Stiller: Was wir in der Diskussion meiner Ansicht nach vergessen haben zu vertiefen, ist der Organisationsaufwand, der notwendig ist, um sich ökologisch konform zu verhalten. Wenn ich mir eine Bohrmaschine leihe – gesetzt den Fall, ich brauche sie ein- oder zweimal im Monat –, dann muß ich zu meinem Nachbarn gehen, der muß sie aus dem Keller raufholen, und ich muß sie dann wieder zurückbringen. Und das tue ich naturgemäß ungern. Ich glaube, daß viele Menschen diesen Zeitaufwand meiden und sich letztlich dann doch zum Kauf entschließen. Diese marginale Aufwandskurve spielt sicher auch eine Rolle beim Car-Sharing. Es ist eben doch ein Unterschied, ob ich mir das Auto erst leihen muß oder ob ich es bereits vor der Tür stehen habe. Zweitens gibt es Rebound-Effekte. Wäre zum Beispiel für das Fliegen der Besitz eines Flugzeuges Voraussetzung, würden nur wenige von uns fliegen. Ich glaube eben, daß wir durch das Teilen uns gerade besonders teure Produkte oder Dienstleistungen erst ermöglichen.

Scherhorn: Das Beispiel Fliegen bewirkt natürlich genau das Gegenteil. Ich glaube, daß die anderen Beispiele zeigen, zum Beispiel das Autofahren oder das Leihen einer Bohrmaschine, daß man das

Erna Kleiner, Harmut Stiller, Jürgen Heidborn

Produkt, leiht man es, weniger verwendet. Was den Organisationsaufwand betrifft, Herr Stiller, so haben Sie ein sehr schönes Beispiel genannt: Man geht zum Nachbarn, man muß mit ihm reden, man muß ihn bitten, in den Keller zu gehen usw. Und das empfinden Sie als lästig. Während andere Menschen das als sehr angenehm empfinden, weil sie zum Beispiel die Gelegenheit nutzen, um mit dem Nachbarn zu reden, soziale Geselligkeit zu signalisieren. Und deshalb buchen die wiederum, im Gegensatz zu Ihnen, diesen Vorgang nicht unter Kosten ab oder unter Zeitaufwand. Natürlich kann der Zeitaufwand ein Widerstandsfaktor sein. Aber ich glaube, daß die sozialen Vorteile überwiegen.

Heiko Steffens

Heiko Steffens

Voraussetzungen für ökologischen Konsum

Die Notwendigkeit einer nachhaltigen bzw. einer dauerhaft umweltgerechten Entwicklung („Sustainable Development") ergibt sich aus der prinzipiellen Begrenztheit der Allmende Erde: Endliche Rohstoffvorräte und die Belastung der Ökosysteme über ihre natürliche Regenerationsfähigkeit hinaus konfligieren mit der Bedürfnisbefriedigung einer wachsenden Weltbevölkerung und den lauter werdenden Ansprüchen an eine gerechte Verteilung des Wohlstands zwischen Nord und Süd, zwischen West und Ost.

Eine dauerhaft umweltgerechte Entwicklung ist ein Oberziel, welches auch die Verbraucherverbände mit ihrer Strategie des qualitativen Konsums seit Anfang der achtziger Jahre verfolgen und propagieren[1]. Dieses Ziel steht im Bedingungszusammenhang mit einer ökologisch verträglichen und gleichzeitig sozial gerechten Wirtschaftsweise. Hierzu sind möglichst konkrete, schrittweise zu erreichende Zwischenziele, aber auch Konzepte für eine ökologisch verantwortliche Produktion und für einen ökologisch vertretbaren Konsum erforderlich. Welches aber sind die Voraussetzungen für ökologischen Konsum?

Eine Antwort läßt sich wohl nur geben, wenn zuvor die Voraussetzungen, besser noch, die Kontexte des „gewöhnlichen" Konsums untersucht werden.

Die konsumorientierte Sozialforschung hat etwa zu Beginn der siebziger Jahre feststellen müssen, daß sich die bis zu dieser Zeit gebräuchlichen Schichtenmodelle, in denen Art und Umfang des Konsums recht gut mit soziodemographischen Indikatoren wie Schulabschluß, Einkommen und Beruf korrelierten, zur Beschreibung einer sich ausdifferenzierenden Empirie immer wenig eigneten. Neuere Ansätze zeichnen sich durch eine Pluralität von Indikatoren aus und haben eine kaum noch überschaubare Flut von Typologien hervorgebracht, die den Zeitgeist zu systematisieren versuchen. Der „Lebensweltansatz" von SINUS (Heidelberg) identifiziert neun soziale Milieugruppen.

INFRATEST glaubt, sechs „Lebensstil-Typen" erkennen zu können. G&I, eine Tochter der GfK konzentriert sich auf fünf Lebensstile in Europa[2]. Die große Zahl der Typologien signalisiert neben dem Einfallsreichtum ihrer Schöpfer auch eine gewisse Ratlosigkeit angesichts der wachsenden Individualisierung der Lebensstile. Wie der Soziologe REUSSWIG formuliert, sind „Lebensstile keine Oberflächenphänomene, sondern relativ tiefsitzende, mit der sozialen und psychischen Identität von Menschen verbundene Formen der Lebensführung und des damit einhergehenden Weltbildes, Wertmuster und Einstellungen"[3]. Aus der empirischen Vielfalt der Lebensstile folgt, daß es *den* umweltbewußten Lebensstil (noch) nicht gibt. Der „Postmaterialismus" ist bisher nicht zu einer Massenbewegung mit einem einheitlichen und operationablen Handlungsmuster geworden, das zu nennenswerten „stofflichen Entlastungen" geführt hätte.

In der Pointe bzw. in der Quintessenz stimmen die Typologien in weiten Teilen überein. Der zeitgenössische Konsument praktiziert eine Konsumorientierung, die als „pluralistisch-individualistisch", „multioptional", „sowohl-als-auch", „paradox" oder „retro-nostalgisch" und „ultimativ neo" bezeichnet werden kann. Mit solchen Attributen soll das Phänomen charakterisiert werden, daß der Verbraucher bei der Zusammensetzung seines Warenkorbes souverän zwischen extremen Konsumvarianten hin- und herpendelt. Heute, in schlabbriger Jogginghose, Döner und Cola an der Imbißbude, morgen, im Designer-Anzug, Gotteslachs aus Hawai und Rotwein aus Chile im Feinschmecker-Lokal.

Zwar nimmt tendenziell die Orientierung an nicht-materiellen Werten zu, aber sie haftet – contradictio in adjecto – häufig an materiellen Gütern. Es ist beinahe schon trivial zu sagen, daß hohes Umweltbewußtsein kein verläßlicher Indikator für konsequentes ökologisches Konsumverhalten ist. Allerdings ist auch der Umkehrschluß – geringes Umweltbewußtsein münde in umweltschädliches Verhalten – nicht zutreffend. So verhalten sich die von INFRATEST identifizierten „Kleinen Krauter" bescheiden und genußfern, wenn auch aus ökonomischen Gründen und nicht von hoher Prinzipientreue angekränkelt. Sie stehen damit im Gegensatz zur gebildeten „Öko-Avantgarde"[4], die zwar unermüdlich ihren Abfall trennt, energie- und wassersparende Haushaltsgeräte bevorzugt und sich auch sonst um nachhaltigen Konsum bemüht. Gleichzeitig stellt sie ihren Beitrag zum Umweltschutz durch häufige Flug-Fernreisen u.a.m. wieder in Frage. Es bedarf wohl keiner akribischen Ökobilanz um zu vermuten, daß ein derartig „multioptionales" Konsumverhalten aufs Ganze gesehen kaum umweltverträglich ist.

Gleichwohl besteht für ökologischen Fatalismus kein Anlaß. Der sogenannte Wertewandel, als Reflex des moralischen Bewußtseins auf die fortschreitende Zerstörung der natürlichen Lebenstrundlagen, hat dazu geführt, daß „Umweltschutz" ein von der Bevölkerung weithin anerkanntes prioritäres Anliegen[5] ist und daß damit etwas grundsätzlich Positives assoziiert wird. Auch die Hersteller können es sich angesichts der Marktsignale heute nicht mehr leisten, ökologische Rücksichten bei der Herstellung und der Zusammensetzung ihrer Produkte einfach zu ignorieren. Die Verbraucherverbände sind deshalb der festen Überzeugung, daß die weitere Erhöhung des Umweltwissens und die Förderung des Umweltbewußtseins sowie die Verbesserung des ökologischen Konsumverhaltens als vordringliche Aufgabe zu begreifen ist.

Abgeleitet von unserer seit Beginn der achtziger Jahre propagierten Leitvorstellung „Qualitativer Konsum" haben wir das praktische Konzept des „Ökologischen Warenkorbs" als Indikator für öko-intelligenten Verbrauch entwickelt.

Gegenüber anderen Konzepten, zum Beispiel der „Ökobilanz Haushalt"[6], die in ihrem Gegenstandsbereich erhebliche Abgrenzungsprobleme zu lösen haben, erfüllt das bedarfsorientierte Konzept des Warenkorbs durch seine Bedeutung für die Statistik der Lebenshaltungskosten die Kriterien der ökonomisch-ökologischen Relevanz, der Verständlichkeit, der Überschaubarkeit und Nachvollziehbarkeit[7]. Bekanntlich stellt das Statistische Bundesamt zur Berechnung des Preisindex für die Lebenshaltung einen Warenkorb aus Gütern und Dienstleistungen zusammen, die die Verbrauchsgewohnheiten der privaten Haushalte repräsentieren. Um die Veränderungen erfassen zu können, wird der Warenkorb in der Regel alle 5 Jahre überprüft und modifiziert. Der derzeitige Warenkorb (Basis 1991) umfaßt rund 750 Waren, deren Anteile an den Verbraucherausgaben durch das sogenannte Wägungsschema gewichtet werden.

Ein weiterer Vorzug ist, daß sich Warenkörbe individueller Haushalte relativ leicht ermitteln und durch Ratingverfahren auf ihre Umweltverträglichkeit abschätzen lassen. L. Uusitalo erkannte schon 1982[8] die Möglichkeiten des Warenkorbs und erwartete von der „Variosität" seiner Zusammensetzung Aufschlüsse über die Auswirkungen unterschiedlicher Lebensstile auf die Umwelt. Drittens können in normativer Absicht ein oder mehrere „Ökologische Warenkörbe" als Referenzmodelle für Warenkorbvergleiche und Warenkorbempfehlungen entwickelt werden.

Im folgenden möchte ich an einem Gedankenexperiment das Konzept des ökologischen Warenkorbs erläutern:

Bodo Tegethoff, Hannelore Friege, Heiko Steffens

Der ökologische Warenkorb – ein Gedankenexperiment

Im Rahmen eines Preisausschreibens des Umweltministeriums hat eine Familie, zwei Erwachsene, zwei schulpflichtige Kinder, einen 24stündigen Aufenthalt in einer konsumökologischen Modell-Wohnung und zusätzlich 1000 DM gewonnen.

Ein Ministerialbeamter führt die Preisträger am vereinbarten Wochenendtermin in eine weiträumige Halle und macht sie mit der bedürfnisgerechten, aber spartanischen Ausstattung der Wohnkabine vertraut.

Ein Umwelttechniker erklärt, daß die Wohnkabine über eine Rohrleitung mit einem Druckbehälter verbunden ist, in dem die Luftschadstoffe komprimiert sind, die bei der Produktion der im Laden vorrätigen Güter entstanden sind und normalerweise in die Luft emittiert werden.

Mit dem Preisgeld von 1000 DM müssen die Güter des Warenkorbs bezahlt werden, den sie im Laden der Halle nach eigenem Gutdünken zusammenstellen können, um den Aufenthalt so komfortabel wie möglich zu gestalten. Das nicht verbrauchte Restgeld kann behalten werden.

Der Techniker informiert sie zudem, daß eine automatische Vorrichtung das Verbindungsventil zwischen Druckbehälter und Wohnkabine jedesmal öffnet, wenn dem Warenkorb ein Produkt entnommen wird, und 10 Prozent der entsprechenden Schadstoffmenge in die Wohnkabine einleitet. Die umweltbewußte Familie ist entsetzt. So hatte man sich den ersten Preis des Wettbewerbs nicht vorgestellt. Die Familienkonferenz erkennt zunächst, daß es zwischen zwei extremen Verhaltensweisen einen Mittelweg geben muß.

1. Entscheidet man sich für die Maximal-Option, das heißt für größtmöglichen Komfort, muß wegen der human-toxikologischen Wirkungen der Schadstoffzufuhr mit erheblichen Gesundheitsrisiken bis hin zur Vergiftung gerechnet werden. Außerdem würde das ganze Preisgeld verausgabt.
2. Entscheidet man sich für die Null-Option, das heißt für totalen Konsumverzicht, dann sind die Überlebenschancen gesichert, aber ein 24stündiger Aufenthalt ohne Essen und Trinken greift ebenfalls die Gesundheit an, gestaltet sich außerordentlich entbehrungsreich und langweilig. In diesem Falle könnte allerdings das gesamte Preisgeld behalten werden.

Angesichts dieser Optionen stellen die Familienmitglieder zunächst ihr gewohntes Konsumverhalten in Frage, einziger Tagesordnungspunkt der Familienkonferenz: „Revision des Verbrauchs“. Sie vermuten, daß dabei mehr Schadstoffe in die Atemluft gelangen würden als gesundheitsverträglich ist. Welche Güter können aber in welchem Umfange verbraucht werden, ohne die Luftqualität bedrohlich zu verschlechtern? Welche Güterkombination soll der Warenkorb enthalten, um Wohlstandsverluste und Gesundheitsschäden gleichermaßen zu vermeiden?

Trotz hohem Umweltbewußtsein ist unsere Durchschnittsfamilie mit dieser Problemstellung überfordert. Die herkömmlichen Kaufkriterien Preis und Qualität geben keinen Aufschluß über die entsprechenden Schadstoffmengen. Die Verkäuferin im Laden gibt zu, darüber nichts zu wissen.

Die Mutter schlägt vor, das in der Wohnkabine installierte Telefon zu nutzen und externen Sachverstand einzubeziehen.Über die Fernsprechauskunft erhält sie die Telefonnummer der Verbraucher-Zentrale, wo sie der Umweltberaterin ihre Problemlage schildert. Von dort erhält die Familie folgende, auf die Auswertung von Ökobilanzen gestützte Empfehlung für einen ökologischen Warenkorb:

Als Getränk sollte Mineralwasser bevorzugt werden, möglichst aus der Region, um die transportbedingten Abgase zu minimieren. Aber auch Apfelsaft aus heimischem Streuobstanbau ist unter den Bedingungen des Experiments eine gute Wahl. Zum Frühstück gibt es Müsli, Milch, Brot und Butter, unaufwendig verpackt und aus dem Bio-Laden. Veredelt wird das Müsli mit Obst der Saison – im Juni sind dies beispielsweise Erdbeeren. Andererseits wird der Familie geraten, auf Fleisch und Wurstwaren möglichst zu verzichten, weil diese energieaufwendiger hergestellt werden als pflanzliche Erzeugnisse. Ein Kilogramm Fleisch entspricht ungefähr drei Kilogramm Futtergetreide. Mittags steht ein Auflauf aus Nudeln, Gemüse der Saison und einer Joghurt-Ei-Soße auf dem Speiseplan. Ein solches Essen ist nicht nur gesund und sättigend, sondern auch „emissionsarm". Danach spielen die Kinder „Teekessel-Raten" und nachdem sie daran das Interesse verloren haben, denken sie sich ein selbstgezeichnetes „Rebus-Rätsel" aus. Sie haben nämlich erfahren, wie energieaufwendig und damit schadstoffträchtig die Herstellung des sonst so beliebten Spielcomputers ist. Die Eltern unterhalten sich – zum erstenmal nach langer Zeit. Normalerweise wären sie jetzt mit dem Auto in die City gefahren, um sich mit Schaufensterbummeln zu unterhalten. Auch ohne den Rat der Umweltberatung ist ihnen klar, daß sie die Autoabgase heute lieber nicht einatmen möchten. Erst gegen 20.00 Uhr fällt einem Kind ein, daß man ja noch nicht zu Abend gegessen hat. Die Zeit war wie im Fluge vergangen und eigentlich, so wird jetzt klar, ging es auch ohne Pausensnacks und Cola. Der deftige Auflauf zum Mittag hatte ausgereicht.

Die Familie ist froh, daß ihr Überlebensexperiment bisher so gut geklappt hat. Eigentlich hat man ja auch gar keinen extremen Verzicht üben müssen. Daher wird jetzt beschlossen, ein wenig zu feiern. Es gibt Brote, einen Saisonsalat mit frischen Kräutern und sogar Leberpastete und Bio-Käse. Die Eltern leisten sich sogar eine

Flasche Wein aus ökologischem Anbau, nachdem sie sicher sind, daß zur Herstellung dieses Weins kaum mehr Luftschadstoffe immitiert wurden als für die gleiche Menge Saft. Dann gehen alle schlafen. Morgen früh sind die 24 Stunden in der Kabine ja beendet. Der Familienrat beschließt, auch „im richtigen Leben" zukünftig mehr auf die Umweltseite des Konsums zu achten. Der Tip der Verbraucher-Zentrale war möglicherweise lebensrettend, aber eigentlich wünscht sich die Familie, daß auf allen Produkten gekennzeichnet ist, wieviel „Umwelt" in ihnen steckt.

Soweit das Experiment.

Den Ertrag möchte ich in fünf Punkten zusammenfassen:

1. Die Akteure werden zwar nicht vollständig über die Gesamtkosten des Verbrauchs informiert, aber durch ein drastisches Selbsterfahrungssystem zur Erkenntnis der Überlebens- Notwendigkeit eines „ökologischen Warenkorbs" motiviert.
2. Das konsumökologische Feedback-Experiment hebt den Unterschied zwischen Gegenwarts- und Zukunftspräferenz auf. Der Konsum steht überwiegend unter dem Gesetz der Gegenwartspräferenz. Grundbedürfnisse müssen hier und jetzt befriedigt werden. Wegen der schnellen Gewöhnung an Konsumkicks werden die Modetrends immer kurzlebiger, die Erfahrungen in der Freizeit immer extremer. Dauerhaft umweltgerechte Wirtschaftsentwicklung hat es dagegen mit Zukunftspräferenzen zu tun: Wieviel darf ich heute verbrauchen, damit für nachfolgende Generationen eine Welt bleibt, die die zur Bedürfnisbefriedigung erforderlichen Ressourcen und menschenwürde Lebensqualität zu bieten hat?
   Im Experiment werden über die automatische Rückkoppelung Güterverbrauch und Umweltverschmutzung auf einen Erfahrungsraum von 24 Stunden gerafft.
3. Das Szenario, die Rahmenbedingungen des Experiments wurden von Umweltpolitik und Umwelttechnik vorgegeben. Die Rahmenbedingungen stellen die Konsumfreiheit nicht in Frage, konfrontieren die Konsumenten aber ohne Zeitverzug und ohne Rückzugsmöglichkeit in die Unbelangbarkeit mit den von ihnen

mitverursachten Luftbelastungen. Ferner ist die Möglichkeit der Problemlösung durch Einbeziehung externen Sachverstandes, hier der Umweltberatung, Resultat politischer Entscheidungen über die Bereitstellung solcher Einrichtungen.

4. Die entscheidende Bedingung der Möglichkeit eines „ökologischen Warenkorbs“ ist selbstredend das Angebot von Gütern aus öko-intelligenter Produktion mit leichtem ökologischem Rucksack[9]. Bei Fortsetzung des konsumökologischen Überlebensexperiments wird durch die gezielte Nachfrage nach öko-intelligenten Produkten der Marktmechanismus dafür sorgen, daß gesundheitsgefährliche, weil umweltbelastende, Güter aus dem Sortiment des Ladens ausgemustert werden.
   Gleichzeitig würden durch diese Marktreaktion die Entscheidungen der Verbraucher über die Zusammenstellung eines ökologischen Warenkorbs von Unsicherheit und Sorge entlastet.
5. Mangels empirischer Evidenz läßt sich die Frage, ob der Familie der Aufenthalt in der konsumökologischen Modell-Wohnung und die mit erheblichem Informationsaufwand verbundene Zusammenstellung eines ökologischen Warenkorbs Spaß gemacht hat, nicht beantworten. Immerhin erscheint die Erwartung plausibel, daß sich die Familie gefreut hat, nach 24stündigem Aufenthalt unter dem Leistungsdruck fehlerfreier Konsequenz gesund und wohlbehalten nach Hause zurückkehren zu können.
   Wir wissen nicht, ob das ganze Preisgeld von 1000 DM ausgegeben wurde. Aber wer würde bestreiten, daß sich das öko-intelligente Verhalten gelohnt hat.

Die in diesem Szenario verfolgte Doppelstrategie zeigt die Einheit von ökologischem Warenkorb und teleologischer (zielführender) „Verbraucherreduktion“ um einen „Faktor 10“ (Ch. von Weizsäcker) oder mehr[10]. Das Ziel einer dauerhaft umweltgerechten Entwicklung ist nur zu erreichen, wenn sich schon die Reisevorbereitungen, also die Konsumoptionen an dieser Reduktion orientieren. Genauso plant ein Wanderer seine Bergtour. Auch ein Kanufahrer packt nicht mehr ein, als sein Boot tragen kann.

In der rüden Sprache der Ökonomie läßt sich die Situation verallgemeinernd so beschreiben. Wo die Regenerationsfähigkeit des

Lebensraumes, des Umweltraumes, der Allmende in Gefahr ist, steigen die Grenzkonsten umweltschädlichen Verhaltens ebenso steil an wie der Grenznutzen des umweltverträglichen Verhaltens. Jede Entnahme aus dem Warenkorb unterliegt diesem Gesetz. Beim Handeln in dem geschlossenen Umwelt-Lebensraum-System kommt es auf die Erkenntnis an, daß die kleinen Alltagsentscheidungen mit den Umweltproblemen zusammenhängen. Ich nenne die entsprechende Verhaltensmaxime „Infinitesimal-Prinzip“[11], will sagen, daß das Handeln aus ökologischer Verantwortung unbegrenzt oft auf das Handeln und auf die Ergebnisse des Handelns wieder angewendet werden muß. Allerdings ist bei allen anderen Akteuren, von den Unternehmen, vom Staat und von der Wissenschaft, Handeln nach dem gleichen Prinzip erforderlich.

Unter den Voraussetzungen für ökologischen Konsum sind staatliche Rahmenbedingungen, die eine nachhaltig umweltverträgliche Entwicklung fördern, von besonderer Bedeutung. Hemmnisse, etwa Subventionen für umweltbelastende Wirtschaftsaktivitäten müssen abgebaut werden. Mobilität ist zukünftig umweltgerechter zu organisieren. Zwar kommt der Umweltpolitik im engeren Sinne nach wie vor Leitfunktion zu, aber Umweltpolitik ist auch Querschnittspolitik für die Sektoren Landwirtschaft, Verkehr, Bildung, Forschung, Bau, Wirtschaft und Finanzen. Niemand soll sagen, es bedürfe weiterer Forschung, wenn damit in erster Linie das Prinzip des Abwartens bzw. Vertagens von Entscheidungen gemeint ist. Jedes Jahr wächst der Berg der seriösen, kontroversen, oft von der Bundesregierung selbst in Auftrag gegebenen Gutachten. Die Taten sind mager und die Bevölkerung sowie die Kirchen, Gewerkschaften, Umweltverbände, Verbraucherverbände und Teile der Industrie kritisieren den Berg, der eine Maus gebiert.

Eine ökologische Steuerreform[12], die den Einsatz endlicher Ressourcen schrittweise und berechenbar verteuert, dürfte sich ohne Zweifel lenkend auf die Nachfrage auswirken. Bei anstehenden Ersatzbeschaffungen, etwa bei Haushaltsgroßgeräten, würde eine größere Zahl von Verbrauchern auf einen möglichst geringen Energieverbrauch achten. Produkte, die besonders energieverbrauchsarm sind, rechnen sich über ihre Lebensdauer, auch wenn der Anschaffungspreis im Vergleich zur energieaufwendigen „Dinosauriertechnik" konventioneller Geräte höher ist. Der über die steuerlich initiierten Marktreaktionen ausgelöste Innovationswettbewerb hätte auch Vorteile für die Industrie und die dort Beschäftigten. Eine rohstoff- und energieeffiziente Technik trägt wesentlich zur Sicherung der Standortbedingungen und des Qualitätswettbewerbs auf internationalen Märkten bei.

Andererseits sehen die Verbraucherverbände auch Grenzen bei der ökologischen Steuerreform, wenn sehr hohe Steuersätze die Konsensbedingung der Sozialverträglichkeit in Frage stellen.

Von der Umweltwissenschaft erwarten die Verbraucherverbände die konsequente Wahrnehmung ihrer Früh-Erkenntnis- und Sensor-Funktionen sowie die angewandte Bereitstellung verhaltens- und handlungsrelevanter Konzepte. Für die Technikdimension halten wir die einschlägigen Arbeiten des Wuppertal-Instituts für besonders hilfreich, denn das Konzept des Material-Inputs-per-Serviceeinheit, kurz, MIPS[13] oder der ökologische Rucksack verlassen auf kreative Weise den oft beklagten Elfenbeinturm der Wissenschaft und transportieren die Botschaft dorthin, wo sie gehört, verstanden und in die Praxis umgesetzt werden muß: nämlich in die Politik, welche die Rahmenbedingungen für ökologisches Wirtschaften setzen soll; in die anbietenden Wirtschaft, wo unternehmerischer ökologisch verantwortungsbewußter Pioniergeist marktfähige Öko-Produkte und -Dienstleistungen entwickeln, herstellen und vermarkten soll[14]; in die Nachfrage, wo umweltbewußte Verbraucher auf klare umweltpolitische Rahmenbedingungen und ein hinreichendes Angebot an umweltverträglichen Waren warten und praktisch umsetzbare Handlungs- und Orientierungskonzepte benötigen.

Als weitere Voraussetzung zur Realisierung dieses öko-intelligenten Konsums fordern die internationalen Verbraucherverbände die Festlegung verbindlicher Mindeststandards im Umweltbereich. Transnational operierende Konzerne praktizieren das, was sie mikroökonomisch, betriebswirtschaftlich für das Richtige halten. Sie minimieren Kosten, indem sie dort produzieren, wo Umweltstandards fehlen oder Umweltverschmutzung preiswert ist. Daher spricht vieles dafür, zum Beispiel auf der Ebene der Welthandelsorganisation (WTO) Gegenmaßnahmen zu ergreifen, um Öko-Dumping künftig zu verhindern. Die Verbraucherorganisationen in der

Bundesrepublik, insbesondere die Umweltberater/innen in den Verbraucher-Zentralen, haben zum Teil in Kooperation mit Umwelt- und Naturschutzverbänden sowie mit der Verbraucherinitiative zielgruppen-spezifische Materialien und zum Mitmachen anregende Aktionen konzipiert. Jüngstes Beispiel: Gemeinsame Herausgabe des Buches „Der Unternehmenstester – Ratgeber für den verantwortlichen Einkauf im Lebensmittelbereich" mit dem Institut für Markt, Umwelt und Gesellschaft[15]. Bei allen Aktionen steht die Überwindung der Öko-Resignation vieler Verbraucher „Was kann ich als einzelner schon tun?" im Vordergrund. Denn – und davon sind wir überzeugt – öko-intelligentes Konsumieren muß nicht grau, eintönig und entbehrungs-reich, sondern auch genußorientiert realisierbar sein. Die Verbraucherverbände halten den Wert von Appellen für mönchische Askese für unwirksam. Die Ansprüche einer konsequenten Nulloption (Konsumverzicht) dürften in der zwischen Multioption und Risiko gratwandelnden Gesellschaft kaum eine Massenbewegung auslösen. Zu einer solchen Bewegung müßte aber öko-intelligenter Konsum werden, wenn er dauerhaft umweltentlastend wirken soll. Aber auch das Motto „öko-intelligenter Konsum macht Spaß" kann auf den Holzweg führen. Denn irgendwo hört der Spaß auf. Auch der Verzicht auf eine Fernflug-Reise in ein exotisches Urlaubsland und der Verzicht aufs Auto ist nicht in jedem Fall ein Lustgewinn. Bei dem Konflikt zwischen Konsumgenuß und Umweltschuld liegt die Hauptverantwortung der Verbraucherorganisationen weniger darin, den Genuß zu entschuldigen, als vielmehr die Pflicht zur ökologischen Entschuldung[16] im Bewußtsein zu verankern. In diesem Zusammenhang kommt ohne Zweifel der Umweltbildung eine bedeutende Funktion zu. Durch handlungsorientierte Lernarragements können die für ein konsequent öko-intelligentes Konsumieren unverzichtbaren Wertvorstellungen entwickelt werden. Dabei geht es letztlich um das Zurückdrängen aesthetischer Wertvorstellungen, die die Dominanz des Genusses betonen, um eine Relativierung ökonomistischer Wertvorstellungen „Öko-intelligentes Konsumieren muß sich lohnen" im Sinne eines langfristigen Begriffs von Lohnen und die Stärkung der Einsicht in die Notwendigkeit des „ökologischen Warenkorbs". Alles in allem geht es also darum, lebensstilkompatible und multioptionale Muster des öko-intelligenten Konsums zu entwerfen und über Information, Beratung und Bildung[17] als erstrebenswerten Individualbeitrag zum Zweck eines zukunftsfähigen Deutschlands zu propagieren.

Wenn es zutreffend ist, daß das Umweltbewußtsein, das Umweltverhalten, die Umweltpolitik und die Marktreaktionen der Anbieter hierzulande im Vergleich zu anderen Nationen relativ gut abschneiden, dann ist das gewiß ein Verdienst von Bürgerinitiativen, Parteien, Umwelt- und Naturschutzverbänden, vieler Einzelpersönlichkeiten – auch in Wissenschaft und Wirtschaft, last not least aber auch der Anfang der achtziger Jahre vollzogenen Wende der Verbraucherverbände zum „Green Consumerism". Ohne diese wären wir mit Sicherheit noch weiter von einer dauerhaft umweltgerechten Entwicklung entfernt.

Dieses Potential muß – trotz leerer Kassen der öffentlichen Hand – weiterhin unterstützt und ausgebaut werden. Sparen nach dem Rasenmäher-Prinzip bzw. ohne Konzept trägt gewiß weder zur „öko-intelligenten Produktion" noch zum „öko-intelligenten Konsum" bei.

Mit dem Begriff „Sustainable Development" habe ich meine Ausführungen eingeleitet, mit einer für öko-intelligentes Konsumieren handlungsrelevanten umweltethischen Maxime möchte ich sie abschließen.

Vom griechischen Philosophen Epiktet ist die Formel überliefert: „Sustine et abstine!"[18] - Erhalte durch Enthaltung. Diese Formel schwingt in dem Sustainability-Ethos der Agenda 21 des Erdgipfels von Rio de Janeiro 1992 unausgesprochen, aber konstitutiv mit. Zu den Voraussetzungen für ökologischen Konsum gehört eine „Suffizienzrevolution"[19], vulgo: eine neue Kultur der Genügsamkeit.

Anmerkungen

1 vgl. Arbeitsgemeinschaft der Verbraucherverbände, AgV (Hrsg.): Verbraucher-Rundschau, Ausgaben:
4/84 Qualitatives Wachstum – Qualitativer Konsum
10/93 Anders leben, der Zukunft wegen (40 Jahre AgV)
7/94 Umweltschutz zu Hause
10/95 Ethischer Konsum
2 F. Reuisswig: Ökologie und Lebensstile, Frankfurt/M. 1994, S. 85ff
3 ebenda, S. 128
4 vgl. schon L. Uusitalo: The Ecological Relevance of Consumption Style, in: B. Joerges (Hg.): Verbraucherverhalten und Umweltbelastung. Frankfurt/M. 1982, S. 421
5 vgl. z.B. H. Neitzel, U. Landmann, M. Pohl: Das Umweltverhalten der Verbraucher-Daten und Tendenzen, Bundesumweltamt Berlin 1994, S. 51 et passim
6 ebenda, S. 7
7 vgl. Sachverständigenrat für Umweltfragen: Umweltgutachten 1994, zit. nach: BUND und Misereor (Hrsg.): Zukunftsfähiges Deutschland, Basel-Boston-Berlin 1996, S. 39
8 L. Uusitalo, a.a.O., S. 412
9 F. Schmidt-Bleek, U. Tischner: Produktentwicklung – Nutzen gestalten – Natur schonen, Wien 1995, S. 28
10 BUND und Misereor (Hrsg.): Zukunftsfähiges Deutschland, a.a.O., S. 149 et passim
11 H. Steffens: Die ökologische Verantwortlichkeit des Verbrauchers, in: G. Rosenberger (Hg.): Konsum 2000, Frankfurt/M. 1992, S. 191 ff.
12 vgl. u.a. BUND und Misereor (Hrsg.): Zukunftsfähiges Deutschland, a.a.O., S. 185 ff.
13 F. Schmidt-Bleek, U. Tischner, a.a.O., S. 74 ff.
14 z.B. S. Schmidheiny: Kurswechsel – Globale unternehmerische Perspektiven für Entwicklung und Umwelt, München 1992
15 V. Lübke, I. Schoenheit, A. Wilhelm, W. Winter: Der Unternehmenstester – Die Lebensmittelbranche, Reinbek b.Hamburg 1995
16 In der Tradition des moralischen Denkens und Urteilens ist ein großer Teil dessen, was heute unter dem Begriff „Verantwortung" diskutiert wird, früher unter dem Begriff der Schuld subsumiert worden. vgl. K. Bayertz (Hrsg.): Verantwortung – Prinzip oder Problem? Darmstadt 1995, S. 5 ff.
17 vgl. z.B. H. Steffens: Ökologische Verbraucherbildung, in: F.-Th. Gottwald, C. Rinneberg, H.H. Wilhelmi (Hg.): Bildung und Wohlstand – Auf dem Weg in eine verträgliche Lebensweise, Wiesbaden 1994, S. 80 ff.
18 Zit. nach A. Schopenhauer: Zur Ethik, in: Parerga und Paralipomena, Darmstadt 1989, S. 246
19 F. Schmidt-Bleek, U. Tischner, a.a.O., S. 18

Heiko Steffens, Dieter Brübach

Diskussion:

Huncke: Herzlichen Dank, Herr Professor Steffens. Sie haben uns in Ihren Ausführungen ein sehr interessantes Experiment vorgetragen, zu dem es sicher im Auditorium mehrere Fragen gibt. Weiterhin haben Sie uns mit vier Thesen konfrontiert, die ich kurz zusammenfassen möchte:

1. Öko-Resignation – was kann ich als einzelner tun?
2. Öko-Intelligenter Konsum kann auch genußorientiert sein.
3. Appelle für mönchische Askese sind unwirksam.
4. Öko-intelligenter Konsum muß zur Massenbewegung werden.

Gibt es dazu Fragen?

Fordemann: Wir haben in unserer Diskussion immer wieder darüber gesprochen, daß es auf Informationsdefizite zurückzuführen ist, daß der Verbraucher sich nicht umweltorientiert verhält.

Was hindert eigentlich den Gesetzgeber daran, Frau Staatssekretärin, hier, wie es zum Beispiel ein Zutatenverzeichnis für Lebensmittel gibt, weitere Informations*pflichten* ähnlicher Art den Herstellern aufzuerlegen, wodurch dem Verbraucher zusätzliche Informationen geliefert werden? Wo ist Ihrer Meinung die Lobby, die dies verhindert?

Friedrich: Die Lobby, welche nur wenig Interesse an umfangreicher Information in diesem Zusammenhang hat, läßt sich leider nach wie vor eindeutig benennen: große Teile der Industrie. Wir erleben es zur Zeit ja gerade wieder bezüglich der novel-food-Verordnung. Offensichtlich soll der Verbraucher im Dunkeln gehalten werden, es gibt wohl doch – entgegen öffentlicher Verlautbarung – begründete Ängste, daß offene Informationen gewinnreduzierende Auswirkungen hätten, da sich die Verbraucherin, der Verbraucher eben doch umweltgerechter als immer propagiert verhielten, kannten sie die „Rucksäcke" einzelner Produkte.

Davor scheinen auch viele Politiker und Politikerinnen Angst zu haben. Anders ist es nicht verständlich, wenn immer mit Praktikabilitätsgründen – zu viel Information für den Bürger, die er dazu auch noch nicht mal verstehen kann – gegen Informationspflichten argumentiert wird. Dies halte ich für eine demokratische Gesellschaft für nicht akzeptabel. Demokratie ist die Möglichkeit, sich entscheiden zu können. Ob der Verbraucher diese Möglichkeit nutzt, ist in einem freien Land seine Entscheidung. Wir müssen ihm diese ermöglichen und ihn überzeugen.

Menke-Glückert: Ich verweise auf eine von IBM und Bertelsmann herausgegebene CD-Rom, die auch von B.A.U.M empfohlen wird, die Informationen für eine ökogerechte Haushaltsführung enthält. Auf 24 Feldern kann sich jeder Konsument selbst ausrechnen, ob zum Beispiel beim Kauf einer Waschmaschine zu viele ökologische Rucksäcke auf dem Produkt lasten.

Eine asketische Lebensweise, wie sie hin und wieder gefordert wird, ist meiner Ansicht nach nicht erfolgreich. Man braucht Randbedingungen, um den „inneren Schweinehund" zu überwinden. Der Bürger muß einfach einsehen, daß es sich nicht lohnt, Produkte zu kaufen und zu konsumieren, auf denen zu viele ökologische Rucksäcke lasten im Sinne des MIPS-Modells von Schmidt-Bleek.

Man muß über eine Ökologische Steuerreform, die die Mehrwertsteuer um mehrere Punkte erhöht, die Randbedingungen so setzen, daß unökologisches Verhalten sich nicht rechnet und der Konsument es in seiner privaten Haushaltskasse spürt. Ich halte nichts davon, womöglich eine Art Öko-Polizisten zu erfinden, der dem Nachbarn hinter die Scheiben guckt, ob der sich auch wirklich ökologisch verhält. Das bringt nichts, das schadet unserer Demokratie. Mit einem Wort: Wir kommen um die Änderung der Randbedingungen nicht herum. Deswegen würde mich die Meinung der Verbraucher-Verbände interessieren, welche Vorstellungen sie mit einem Verbraucher-Informationssystem über Produkte verbinden.

Steffens: Ich kann nur unterstreichen, was Herr Menke-Glückert gesagt hat, daß es nämlich am günstigsten wäre, die Rahmenbedingungen auf dem Informationssektor so zu gestalten, daß der Verbraucher instand gesetzt wird, die Folgen seines Konsums selber abzuschätzen. Ihm einfach die Konsequenzen deutlich zu machen, ohne seine Freiheit einzuschränken.

Welche Information soll schließlich auf den Produkten stehen? Für den Verbraucher würde es nichts nützen, wenn er erführe, daß soundsoviel Milligramm Schadstoff in einem Produkt enthalten sind. Er benötigt vielmehr einen informatorischen kognitiven Hintergrund, um die Information in ihrer Gefährlichkeit oder Harmlosigkeit einordnen zu können. Ich sehe in dem Prospekt, den Herr Brübach von B.A.U.M mir vorhin gegeben hat – ohne daß ich jetzt auf Details eingehen kann –, eine Konvergenz bestimmter Vorstellungen, die zu mehr Praxisorientierung führen und vor allen Dingen auch versuchen, die Komplexizität im Verhalten des Verbrauchers entsprechend zu berücksichtigen. Natürlich ist der sogenannte Preisknüppel, den Menke-Glückert angesprochen hat und der durch die Erhöhung der Steuern – welcher Art auch immer – zustande kommt, das wirksamste Mittel, um im Verhalten der Konsumenten eine Änderung herbeizuführen. Um das politisch möglich zu machen, muß auch eine Akzeptanz dieser Maßnahmen bei den Bürgern erreicht werden. Auch der Sachverständigenrat für Umweltfragen hat sich in diesem Sinne geäußert: Die Akzeptanz für drakonische Eingriffe in die Lebensgewohnheiten, so sagt der Rat, muß erst noch geschaffen werden. Und zwar durch Überzeugungsarbeit. Und dazu braucht man Bildung, Information und eine sehr intensive Aufklärungsarbeit.

Wir versuchen die Veränderung der gesetzlichen Rahmenbedingungen durch eine beharrliche Arbeit im kleinen zu unterstützen. Wie sieht es denn heute aus in den öffentlichen Diskussionen und in der Publizistik? Da fragt Johannes Gross – der es ja nun wirklich wissen müßte – in seiner Sendung „Tacheles" zur BSE-Diskussion: Warum gibt es in der Bundesrepublik keine starken Verbraucher-Verbände? Und das, nachdem wir schon vor zehn Jahren davor gewarnt haben, aus Tierkadavern Futtermehl herzustellen.

Tegethoff: Die Informationsflut, auf die Herr Steffens hingewiesen hat, ist in der Tat ein Problem. Im Wuppertal Institut hat dankenswerterweise Steffi Böge eine Transportkettenanalyse durchgeführt, durch die aufgezeigt wird, wie unökologisch heute Joghurt hergestellt wird. Wenn man so einen Joghurtbecher kennzeichnen würde, würde man unter Umständen nur die halbe ökologische Wahrheit vermitteln, weil es zwar einerseits darauf ankommt, daß ich überhaupt Joghurt kaufe, aber auch, wie weit ich mit dem Auto

Bodo Tegethoff, Hannelore Friege

zu einem Einkaufszentrum auf der grünen Wiese fahre. Auch wäre es sicher hilfreich, Produkte auszumachen, die eine besonders starke ökologische Belastung durch die Stoffzusammensetzung auf sich vereinen, um dadurch Änderungen im Verhalten herbeizuführen. Hingegen zu untersuchen, welche Stoffströme hinter dem Druckknopf einer Bluse stecken, würde mich weniger interessieren.

Inzwischen gibt es in den Produkt-Piktogrammen eine Kennzeichnung von A bis F. Und ich könnte mir sehr gut auf den Produkten eine durch die EG veranlaßte Energieverbrauchskennzeichnung vorstellen, die von A bis F reicht. Wir Verbraucher-Verbände fänden es zudem vorteilhaft, wenn nach einer Übergangszeit zum Beispiel Kühlschränke, die schlechter sind als C, nicht mehr frei verkehrbar wären, ja daß sogar letztlich ein Produktionsstopp vom Gesetzgeber verfügt werden könnte.

Schmidt-Bleek: Es nützt meiner Ansicht nach nichts, wenn wir hier in Deutschland so tun, als ob die Grenzen dicht wären. Jede Maßnahme, die wir hier ergreifen, muß zumindest auf dem europäischen Markt, bei unseren Freunden in der EU umsetzbar sein. Mit einem Wort: Alle Maßnahmen müßten international harmonisierungsfähig sein. Und das sind die Ökobilanzen heute mitnichten. Ich weiß, von was ich rede, denn ich war fünf Jahre bei der OECD verantwortlich für Chemikalienhandel und Chemikalienkontrolle. Wir benötigen endlich aus der Wissenschaft die Unterstützung, die verdeutlicht, daß man das nichtlineare komplexe System „Ökosphäre" nicht mit wissenschaftlicher Exaktheit belegen kann und daß es unmöglich ist, alles erkennen und interpretieren zu können, was ökologisch irgendwo und irgendwann verändert wird durch menschliches Tun. So kommen wir beim Umgang mit der Ökosphäre nicht weiter.

Das war ja auch der Grund, warum wir uns in meiner Abteilung, „Stoffströme und Strukturwandel" mit dem „Eingang" der Wirtschaft beschäftigen, also uns aufgegeben haben, nach Masse, Energie und Fläche zu fragen, damit diese berechneten Werte harmonisierungsfähig sind. Dabei sind wir zu der MIPS-Lösung gelangt, ohne jetzt sagen zu können, daß wir in diesen wenigen Jahren nun schon alles rechnen könnten, aber immerhin den Energie-Input für einen bestimmten Werkstoff. Wir haben für einige Grundstoffe von der

Wiege bis zur Bahre gerechnet, wieviel Energie und wieviel Masse Schritt für Schritt in das jeweilige Produkt eingehen. Meine Mitarbeiterin Hanna Zieschang hat ein Computer-Modell entwickelt, aus dem Sie inzwischen Berechnungen entnehmen können. Wir wissen inzwischen auch, was eine Tonne Frachtkilometer an Materialintensität kostet – bei der Bahn, auf Kanälen, auf dem Rhein usw. Mein Mitarbeiter Hartmut Stiller hat dazu eine Studie vorgelegt und herausgefunden, daß eine Tonne Frachtkilometer – einschließlich Management der Deutschen Bahn – heute wesentlich materialintensiver ist als das, was ein 40-Tonner auf der Autobahn befördert. Und das ist systemweit gerechnet. Das bedeutet natürlich nicht, daß wir empfehlen, die Bundesbahn nicht weiter als Transportmittel zu benutzen, aber zu überlegen, ob man das Management nicht verbessern kann. Die Auslastung des Schienennetzes in Deutschland beträgt lediglich 17,8 Prozent. Und die Durchschnittszeit für einen Transport von 250 Kilometern bei der Bahn beträgt 6,4 Tage. Daß dies nicht wirtschaftlich sein kann, ist offenkundig.

Hans-Hermann Braess, Friedrich Schmidt-Bleek, Wolfram Huncke

Die Konsequenz aus unseren Berechnungen: Ein Deutscher braucht heute im Durchschnitt 70 Tonnen Material pro Jahr. Davon gehen allein, durchschnittlich gesehen, 20 Tonnen in den Bausektor. Deswegen müssen wir genau berechnen, wo es sich lohnt zu sparen. Wir versuchen das auf der Makroebene zu realisieren – gemeinsam mit dem Statistischen Bundesamt, wozu im nächsten Jahr eine Publikation erscheint. Wenn ich sage, daß dies, was ich Ihnen gerade berichtet habe, alles realisierbar ist, dann heißt das natürlich nicht, daß wir schon morgen das alles erreicht haben. Auch beim Chemikaliengesetz hat es – als wir 1973 damit anfingen – noch acht Jahre gedauert, bis wir uns über die Grundstufe I einig waren. Die Ökologische Steuerreform machen, halten auch wir im Wuppertal Institut für einen vernünftigen Weg. Nur sollte sie unserer Meinung nach unter dem Prinzip laufen: keine Belastung ohne Entlastung.

Die Ergebnisse unserer Untersuchungen, und damit komme ich zum Schluß, haben ein weiteres wichtiges Faktum aufgedeckt: Die direkten und indirekten Subventionen betragen in der Bundesrepublik zwischen 250 und 300 Milliarden DM.

Dies bedeutet, daß unsere Wirtschaft keine wirklich *freie Marktwirtschaft* ist. Hier sind Finanzvolumina vorhanden, die auch benutzt werden könnten, um bestimmte Prozesse und Produktionsverfahren in die richtige ökologische Richtung zu lenken. Und das, was heute unter dem Siegel „Baunormen" läuft, ist alles andere als ökologisch ist. Allein die Materialaufwendungen im Bauwesen könnten um den Faktor 4 gesenkt werden, wenn wir die statischen Berechnungen anders einrichten würden.

Rabelt: Ich glaube, daß Ihr Beispiel, Herr Steffens, aufgezeigt hat, daß wir zwischen Wissen und Erfahrung notwendigerweise unterscheiden müssen. Es hat darüber hinaus offenbart, daß die Familie *erfährt,* daß die Schademissionen, wenn sie denn eintreffen, die Familie vergiften könnten. Hier ist also die Gefahr einer Vergiftung und die Angst davor an das direkte Handeln gekoppelt. Dadurch ist die Familie gezwungen, darüber zu reflektieren, ob sie die Gefahr auf sich nehmen will oder ob sie sich für einen anderen Pfad entscheiden möchte, der eben die Gefahr einer Vergiftung ausschließt. Und dieser Erfahrungsprozeß muß von dem, was wir allgemeinhin unter Wissen verstehen, unterschieden werden.

Vera Rabelt

Christine Ax

Ax: Mir schien Ihr Beispiel, Herr Steffens, deswegen plausibel, weil die Familie nicht nur Informationen erhalten hat, wie man sich umweltfreundlich oder umweltschädlich verhalten kann, sondern beim entsprechenden Fehlverhalten sich den unmittelbaren Folgen dann auch nicht mehr hätte entziehen können. Ich glaube, daß gerade in dem Moment, in dem man die Folgen für sein falsches Verhalten unmittelbar tragen muß, auch eine Verhaltensänderung möglich ist. Was nun die Informationen zum richtigen ökologischen Verhalten betrifft: die sind da, auf allen Gebieten, zu allen möglichen Gelegenheiten. Nur: Man kann sich den Konsequenzen, die dem Fehlverhalten folgen sollten, ständig entziehen.

Sie haben der Familie schließlich massiv etwas zugemutet: definitiv den Verzicht. Sie haben uns aufgezeigt, daß Verzicht im Sinne von Verantwortung möglich und auch nötig ist. Was insgesamt bedeutet, daß wir durch Verzicht erwachsen werden, Verantwortung zeigen für das Handeln. Nur: Im täglichen Leben passiert das so nicht. Wir ignorieren die Verantwortung und verhalten uns entsprechend, weil wir uns individuell und kollektiv entziehen können.

Heidborn: Wir müssen – auch als Konsequenz aus den Vorträgen und der Diskussion – zwei Fragen unterscheiden: Die eine Frage zielt darauf, wie wir Gebrauchsgüter so kennzeichnen, daß die ökologischen Rucksäcke oder andere Belastungen erkannt werden und die zweite, wie der Verbrauch von Ressourcen finanziell so belastet wird, daß dadurch eine entsprechende Veränderung des Verbraucherverhaltens zu erreichen ist. Bei der ersten Fragestellung sind wir meiner Ansicht nach immer noch im ersten Sektor von Herrn Scherhorn, nämlich den Gebrauchsgütern und anspruchsvollen Konsumgütern. Wir haben uns noch nicht dem Verbrauch sogenannter freier Ressourcen zugewandt. Im Gegensatz zu den Konsumgütern unterliegt dieser Ressourcenverbrauch gegenwärtig überwiegend keiner Bezahlung. Den Konsumgüterverbrauch haben wir kapitalistisch organisiert: er ist Eigennutz-gesteuert. Der Ressourcenverbrauch hingegen ist kollektiv organisiert und dürfte nicht Eigennutz-, sondern Gesamtnutz-gesteuert werden. Die Bürger müßten sich danach richten, was sie als Mitglied der Gesamtgesellschaft oder Gesamtgemeinschaft der Umwelt zumuten und welchen Schaden sie ihr zufügen. Dazu haben wir aber bisher keine Instrumente und deshalb

Jürgen Heidborn

unterliegt dieser Sektor eben weitgehend nicht unserer marktwirtschaftlichen Wirtschaftsordnung. Güter wie Wasser, Luft usw. haben wir ohne Berechnung verbraucht, weil wir glaubten, sie würden sich immer wieder regenerieren. Andere Güter haben wir künstlich subventioniert, zum Beispiel die Nutzung von Infrastruktur beim Verkehr, in der Bildung oder der Kultur. Wir bringen zwar volkswirtschaftlich ungeheure Summen auf, legen sie aber im vernünftigen ökonomischen Sinn nicht auf die Verbraucher um, zumindest nicht direkt auf den, der zum Beispiel die Autobahn in Anspruch nimmt, noch indirekt auf die Konsumgüter, je nachdem, wieviel Transport sie verursachen.

Wie können wir uns also der Lösung dieser beiden getrennt zu behandelnden Problemkreise nähern? Wie besteuern wir Konsumgüter, die weitgehend der kapitalistischen Wirtschaftsweise unterliegen, und so, daß entsprechende Incentives entstehen? Wie müssen wir andererseits den großen Komplex Ressourcenverbrauch behandeln? Wie gestalten wir einen ökonomischen Anreiz, um den Verbraucher – zum Biespiel den Autobahn- oder Bibliotheksbenutzer – ebenfalls über wirtschaftliche Incentives oder über direkte Abgaben zu beteiligen.

Ich glaube, daß hier die pragmatische Herangehensweise von Herrn Schmidt-Bleek sehr förderlich ist, weil wir nicht alle Probleme auf einmal lösen können. Also: Seine schrittweise Vorgehensweise macht Sinn, um erst einmal den Konsumgüterbereich zu belasten, indem eine umweltgerechte Besteuerung beziehungsweise umweltgerechte Incentives eingeführt werden. Aber das wird nicht ausreichen. Wir werden auf diesem Weg nicht zu wirklichen durchschlagenden Reformen kommen. Wir müssen den subventionierten Bereich des Verbrauchs sogenannter freier Ressourcen erfassen, und zwar in quantifizierten Daten, die den Verbrauch dokumentieren, um ihn ökonomisch in den Griff zu kriegen. Aus meiner Erfahrung in der Förderung der Umwelttechnik weiß ich, daß wir gute Chancen für die Einsparung von Ressourcen haben, soweit ihr Verbrauch zu betriebswirtschaftlichen Kosten bei den Unternehmen führt. Die Wirtschaft rechnet sorgfältiger und verhält sich ökonomisch und ökologisch rational, wenn sie die richtigen Incentives erhält und wenn sie motiviert wird, sich ökologische Belastungen ökonomisch umzusetzen. Und wenn dann noch die entsprechende Motivation der Verbraucher hinzukäme, wäre das auch über den Markt wirksam zu machen.

Steffens: Ich möchte noch einmal herausstellen, daß das Konzept des Szenarios darin bestand, die Beteiligten mit einer Erfahrung zu konfrontieren, sie dann dazu zu bringen, Informationen ausdrücklich zu suchen, ihnen sie auch an die Hand zu geben, um dann die Lösung der einzelnen Probleme anzugehen. Das ist ein erkenntnis-, ein erfahrungs- und handlungsorientiertes Konzept. Was mir wichtig ist: Es ist nicht moralisierend. Es wurde nicht mit dem drohenden Zeigefinger gearbeitet, sondern eher mit einem Rückkopplungsmechanismus, um die Erfahrungen der Zukunft sozusagen in die Gegenwart zu holen und in den Handlungsablauf einzuschließen. Dieses Problem hatte ich mit dem Begriffspaar *Gegenwartspräferenz* und *Zukunftspräferenz* zu charakterisieren versucht. Mir ging es darum das, was moralisch wichtig ist, herunterzuloten auf die Erfahrungsebene und dies mit wirtschaftlichen und gesundheitlichen Interessen zu binden. Weil ich nicht glaube, daß die gesamte Bevölkerung der Bundesrepublik auf den kantischen Pflichtimperativ verdonnert werden kann, lehne ich mich an die Forderungen von Herrn Heidorn an, durch finanzielle, produktorientierte und andere soziale Incentives das Verhalten des Konsumenten zu ändern. Das Ganze hat jedoch insofern eine moralische Dimension, weil es schließlich um eine nachhaltige Entwicklung, die Zukunft der folgenden Generationen und um die Rechte der Natur geht, sofern man sich darauf verständigt, daß „Rechte der Natur" überhaupt einen Bezugsrahmen darstellen. Auf der anderen Seite zeigen verschiedene Untersuchungen, daß das Umweltengagement weiter Bevölkerungskreise inzwischen erlahmt ist. Man muß sich fragen, ob das damit zusammenhängt, daß man den Bürger mit einer permanenten Schuldzuweisung belastet, ihm andererseits aber keine Informationen gibt, um sein Verhalten wirklich ändern zu können. Und das Schuldgefühl wird immer größer. Jede Naturkatastrophe erhöht das, und die Folge sind Verdrängungsprozesse und Lähmungserscheinungen. Alles in allem ein kontraproduktiver Vorgang im Verhältnis zu dem, was wir hier alle wollen: nämlich das Verhalten des Kosumenten zu verändern.

Ursula Tischner

Ursula Tischner

Öko-intelligentes Konsumieren

1. Einleitung

Dieser Vortrag hat zum Ziel, einen groben Überblick über konsumenteninitiierte, öko-intelligente Konsumstrategien zu geben. Dabei werden auch Hindernisse und Voraussetzungen für diese Konsumweisen angesprochen. Zunächst einmal möchte ich den Begriff „Konsum“ und dessen Zusammenhang zur Ökologie erläutern.

Begriffsbestimmung „Konsum“, „Konsumieren“, „öko-intelligenter Konsum“

Gängige Definitionen des Begriffs „Konsum“ lesen sich etwa wie folgt:

- „Konsum ist der Ge- und Verbrauch von materiellen und immateriellen Gütern und Dienstleistungen, die der Bedürfnisbefriedigung dienen."
- „Etwa die Hälfte der gesamten Umweltbelastung ist Folge von umweltschädigendem Konsumverhalten, etwa beim Autofahren, beim Umgang mit Energie, beim Einkaufen. In der Ökonomie sind die Bedürfnisse von Bedeutung, zu deren Befriedigung Güter notwendig sind. Damit entscheiden Bedürfnisse über die Aufteilung knapper Mittel, das heißt über die Aufteilung von Ressourcen und die Nutzung von Umwelt." (Walletschek/Graw, 1995)
- „Konsumenten entscheiden mit der Art und dem Ausmaß ihres Konsums direkt oder indirekt über nahezu alle Stoffströme. Diese Definition – mit der Fokussierung auf den Konsum – unterscheidet sich von der sonst üblichen, in der Staat, Anbieter und private Haushalte als Verursacher der Umweltzerstörung betrachtet werden. Diese Sichtweise impliziert nicht die Frage der Verantwortung für Ausmaß und Art des Konsums. Konsumenten sind durch ihre schwache Marktposition und die bestehende Informationsasymmetrie kaum in der Lage, die Auswirkungen ihrer Konsumaktivitäten in Gänze nachzuvollziehen." (Weskamp, 1995)

Soweit die bisher üblichen Definitionen. Der Begriff des „öko-intelligenten Konsumierens" bezeichnet eine neue ökologisch orientierte Qualität des Konsumierens. Er wurde in der Abteilung Stoffströme und Strukturwandel des Wuppertal Institutes etwa folgendermaßen bestimmt (vgl. Schmidt-Bleek, 1994; Schmidt-Bleek/Tischner, 1995):

- mit dem Begriff ***öko-intelligenter Konsum*** wird ein neues Verständnis von Wohlstand bezeichnet, das nicht auf materiellem Besitz fußt, sondern das ressourceneffiziente Nutzen von Gütern (Produkten, Infrastrukturen, Dienstleistungen) in den Vordergrund stellt. Ökologisches Konsumieren bedeutet dann, bei jeder Konsumentscheidung diejenigen Strategien zu wählen, welche die zur Bedürfnisbefriedigung nötigen Dienstleistungen, im Sinne von Funktionseinheiten, mit dem geringsten Verbrauch an Material und Energie zur Verfügung stellen, d.h. die geringsten Stoffströme verursachen.

Abb.1: Masse und Fläche der Erde sind begrenzt, daher müssen wir Menschen intelligent und effizient damit umgehen.
Quelle: S. Bringezu, A. Meta, Wuppertal Institut

Diese auf Material- und Energieverbräuche bezogene Sichtweise ergibt sich aus der Forderung, alle menschengemachten Stoffströme in den westlichen Industrienationen um etwa einen Faktor 10 zu reduzieren. Fünf Thesen erläutern diesen Gedankengang (siehe Seite 85).

Eine rein technisch-organisatorische Effizienzrevolution reicht also nicht aus. Sie muß begleitet werden von einem sozio-kulturellen Hinterfragen des Verständnisses von Wohlstand, von Lebensqualität und von Konsummustern. Geschieht das nicht, kommt es sehr leicht zu sogenannten „Rebound-Effekten". Das bedeutet, technische Einsparungen zeigen keine Wirkung, wenn sie von Mehrverbräuchen

Fünf Thesen zum Begriff „öko-intelligenter Kosum“

1. Es gibt eine absolute Grenze für den Pro-Kopf-Verbrauch an Ressourcen: die ökologischen Leitplanken.

2. Diese Leitplanken liegen für die westlichen Industrienationen bei 1/10 des heutigen Verbrauchs an Ressourcen.

3. Diese drastische Steigerung der Ressourcenproduktivität wird auf der Produktionsseite durch technische und organisatorische Maßnahmen angestrebt (Stichwort Effizienz).

4. Gleichzeitig ist eine Ökologisierung des Konsums erforderlich (Stichwort Suffizienz).

5. Öko-intelligentes Konsumieren bedeutet, bei jeder Konsumentscheidung diejenigen Strategien zu wählen, welche die zur Bedürfnisbefriedigung nötigen Dienstleistungen (Funktionseinheiten) mit dem geringsten Verbrauch an Material und Energie zur Verfügung stellen.

durch geänderte Konsumgewohnheiten überkompensiert werden. Beispiele für diese Effekte sind öko-effiziente Kleinwagen, die vermehrt als Zweit- und Drittwagen eingesetzt werden, statt den ressourcenintensiven Erstwagen zu ersetzen. Ein anderes Beispiel zeigt die folgende Grafik: Trotz der Effizienzgewinne beim Stromverbrauch elektrischer Haushaltsgeräte konnte der absolute Stromverbrauch in Haushalten nicht verringert werden. Veränderte Gebrauchsgewohnheiten und eine Zunahme der Ein-Personen-Haushalte können als Gründe dafür angefügt werden.

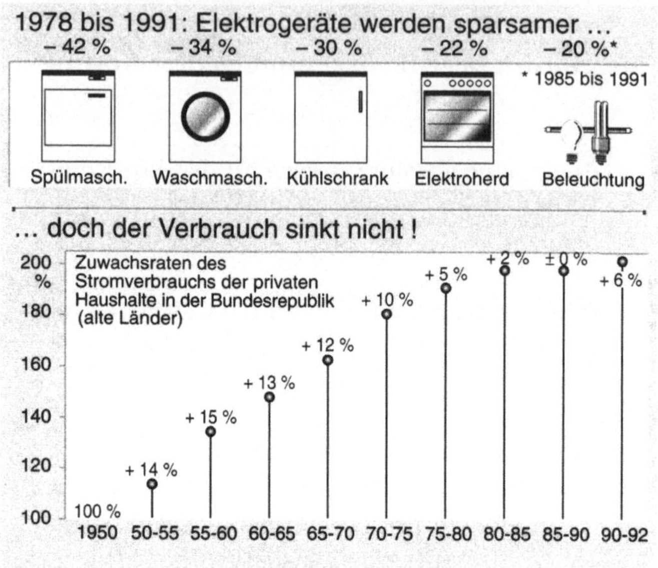

Abb.2: Effizienzgewinne und Stromverbrauch – Trotz der Energieeffizienzsteigerung bei Haushaltsgeräten sinkt der Stromverbrauch im Haushalt nicht.
Quelle: P. Hennicke, Wuppertal Institut

Technisch-organisatorische Effizienz und sozio-kulturelle Suffizienz sind die beiden Puzzlesteine, die zusammengefügt das Bild einer zukunftsfähigen Gesellschaft ergeben.

2. Fakten

Das Ausmaß des Ressourcenverbrauchs durch Konsum

Um einschätzen zu können, welche Ressourcenverbräuche mit dem Konsumieren in Westdeutschland verbunden sind, wurde am Wuppertal Institut eine regionenbezogene Stoffstromanalyse durchgeführt (vgl. Behrensmeier/Bringezu, 1995). Die Materialentnahme aus der Natur (Importe eingerechnet, Exporte abgezogen) von Westdeutschland als Region innerhalb eines Jahres wurde ermittelt und auf die Bedarfsfelder Wohnen, Ernährung, Bekleidung, Gesundheit, Bildung, Freizeit, Zusammenleben und Sonstiges verteilt. Dabei zeigte sich, daß die Westdeutschen pro Kopf und Jahr über

50 Tonnen Material der Natur entnehmen, um ihre Bedürfnisse in diesen Bedarfsfeldern zu befriedigen (BUND/MISEREOR, 1996).

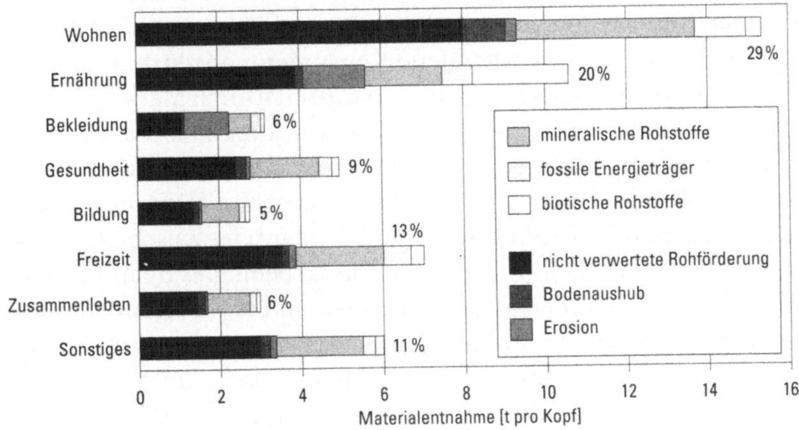

Abb.3: Daten der Materialentnahme im Jahr 1990 für das alte Bundesgebiet
Quelle: Behrensmeier/Bringezu, Wuppertal Institut

Diese Darstellung zeigt auch, daß die Bereiche Bauen und Wohnen, sowie Ernährung mit besonders großen Stoffströmen verbunden sind. Hier ist also das Potential besonders hoch, den Materialverbrauch durch neue Strategien der Bedarfsdeckung drastisch zu senken.

3. Zusammenhänge

Konsumieren ist nicht getrennt vom Produzieren zu sehen.

Genauso wie die technisch-organisatorische Effizienz ohne gesellschaftliche Verhaltensänderungen nicht ihre volle Wirkung entfalten kann, ist das Konsumieren nicht ohne das Produzieren zu verstehen. Beide Tätigkeiten bedingen einander und befinden sich in wechselseitiger Abhängigkeit. Das Angebot an Gütern und die mit den Gütern verbundenen Werbestrategien beeinflussen das Verhalten der Konsumenten. Und andersherum: das Kaufverhalten der Konsumenten erfaßt durch Marktforschung und Verkaufszahlen beeinflußt das Angebot und Produktsortiment der Produzenten.

Produzierende Unternehmen müssen die Bedürfnisse und den Geschmack ihrer Kunden berücksichtigen, um einen Markterfolg ihrer Produkte zu garantieren. Die große Masse der Konsumenten sind die Kunden der Konsumgüterindustrie. Hier versuchen Unternehmen, auch latent vorhandene Konsumentenbedürfnisse aufzuspüren und sie als Kaufmotivation zu nutzen. Durch Marketing- und Werbestrategien sollen möglichst viele Konsumenten dann von der Qualität der angebotenen Güter überzeugt und zum Kauf motiviert werden. Dabei werden Aspekte der technischen Neuerungen und der Modeerscheinungen genutzt, um Kaufanreize zu schaffen. Und das auch dort, wo kein wirklich funktional bedingtes Bedürfnis vorhanden ist. So kaufen Konsumenten Güter, die sie eigentlich nicht brauchen, tätigen Impulskäufe, weil das Produkt im Supermarkt noch so attraktiv erschien, das dann zuhause gleich im Abfall landet und sammeln modische Dinge, die in Schränken verstaut verstauben, da sie eher als Sammlerobjekte denn zum wirklichen Gebrauch dienen. Das alles trägt gravierend zur Steigerung von Material- und Energieverbräuchen bei, ohne wirklichen Nutzen für die Konsumenten, sieht man von der möglichen Befriedigung durch den Kaufakt an sich ab.

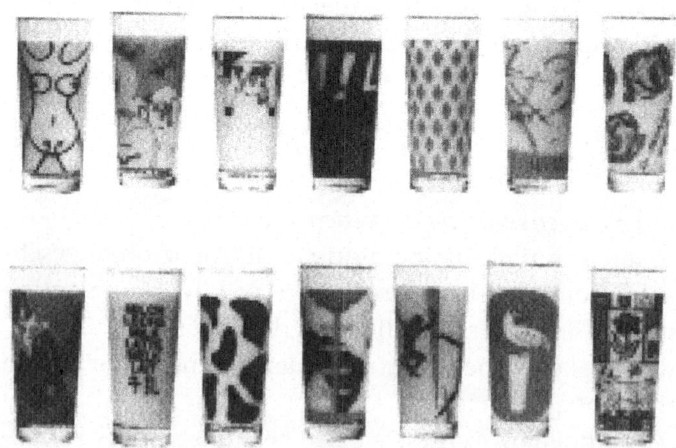

Abb.4: Von berühmten Designern und Künstlern verzierte Gläser, Leuchten, Möbel etc. dienen eher zum Sammeln als zum Benutzen. Quelle: Firma Ritzenhoff, 1995

Wollen Konsumenten einen Einfluß auf das Produzentenangebot ausüben, ist ihnen das aufgrund ihrer schwachen Marktposition in der Regel nicht möglich.

Konsumenten haben durch ihre Nachfragemacht zwar einen gewissen Einfluß auf das Angebot an Gütern auf dem Markt. Das ist aber ein Massenphänomen: erst wenn größere Massen von Konsumenten übereinstimmend handeln, wird die Nachfragemacht wirkungsvoll. Normalerweise fühlen Konsumenten sich der Angebotsstrategie der Produzenten ausgeliefert und haben wenig Möglichkeiten, sie aktiv zu beeinflussen, werden im Gegenteil selbst durch die Marketingaktivitäten der Produzenten beeinflußt. Eine interessante Frage ist, wie groß die Konsumentenmasse in verschiedenen Bereichen werden muß, um eine starke Marktposition zu erhalten.

In der Regel ist das Verhalten der Konsumenten bisher passivreaktiv nur in Ausnahmesituationen aktiv. Folgende drei Beispiele zeigen Situationen, in denen sich Konsumenten gegenüber Unternehmen durchgesetzt haben:

- Beispiel Shell
  Der durch Greenpeace angeregte Boykott von Shell-Tankstellen bewegte das Unternehmen dazu, die geplante Versenkung einer Bohrplattform in der Nordsee zu unterlassen.
- Beispiel Greenfreeze
  Durch Greenpeace organisierte Vorbestellungen (über 50 000 !) des ersten wirklich FCKW- und FKW-freien Kühlschrankes in Deutschland verschaffte einem kleinen ostdeutschen Kühlschrankhersteller, der um das Überleben kämpfte, wirtschaftlichen Erfolg, obwohl die übrigen großen westdeutschen Hersteller die Produktion des Kühlschrankes verhindern wollten.
- Beispiel Flugreisenboykott
  Urlaubsreisende weigerten sich, in das vom Reiseveranstalter vorgesehene Flugzeug einzusteigen, da an diesem bis kurz vor dem Start noch hektische Reparaturarbeiten ausgeführt wurden. Sie setzten durch, daß sie mit einem anderen Flugzeug fliegen konnten.

Die Beispiele zeigen, daß die schwache Position von Konsumenten gestärkt wird durch die Unterstützung von Institutionen wie Greenpeace o.ä., die durch ihre organisierte Öffentlichkeitsarbeit medienwirksamen Druck auf Unternehmen ausüben können. Auch die Eigeninitiative von Konsumenten ist erfolgreich, wenn diese genügend hartnäckig sind und ihre Anzahl groß genug ist.

4. *Beispiele für öko-intelligentes Konsumieren*

Vier Kategorien des öko-intelligenten Konsums

Strategien des öko-intelligenten Konsumierens lassen sich grob in vier Kategorien einteilen:

a) Konsumenten kaufen ökologische Güter, wenn sie auf dem Markt angeboten werden.
b) Konsumenten nehmen öko-effiziente Dienstleistungen in Anspruch, wenn sie angeboten werden.
c) Konsumenten organisieren, gemeinsam mit Gleichgesinnten, Bereiche ihres Lebens anders, damit alle gemeinsam weniger konsumieren/verbrauchen.
d) Konsumenten verzichten in bestimmten Bereichen auf materiellen Konsum, befriedigen Bedürfnisse anders/immateriell.

Während die Strategien a) und b) von dem Angebot auf dem Markt abhängen, werden die Strategien c) und d) von Konsumenten selbst initiiert. Die Einsparung an Ressourcen nimmt in der Regel von a) bis d) zu. Eine Mischung der Strategien ist wahrscheinlich und wünschenswert. Für jedes Bedürfnis, jede Konsumentscheidung wählt der ökologisch orientierte Konsument das maximal Mögliche und für ihn Tragbare. Die Konsumenten-Souveränität sollte nicht eingeschränkt werden. Durch Aufklärung, Motivation, Anreizsysteme und nicht zuletzt eine konkurrenzfähige Preispolitik für ökologisch sinnvolle Güter kann die Bereitschaft der Konsumenten zum öko-intelligenten Konsum gesteigert werden.

Eine besonders wichtige Rolle spielt dabei auch die Verfügbarkeit von Informationen

- über das ökologische Angebot auf dem Markt,
- über die Möglichkeit, gemeinsam mit anderen das Konsumverhalten zu optimieren,

- über die Ressourcenverbrauchswerte von Produkten, Dienstleistungen, Infrastrukturen.

Zukünftig können neue Informations- und Beratungsdienstleistungen – zum Beispiel im Internet – und Produktkennzeichnungen der Umweltbelastungspotentiale helfen, das Konsumieren ökologisch und ökonomisch sinnvoll zu gestalten.

Auswahl der Beispiele

Aus den oben genannten Gründen (schwache Marktposition, Massenphänomen) sind Beispiele für ökologischen Konsum, die von Konsumenten selbst initiiert worden sind und nicht durch ein Produzentenangebot hervorgerufen werden, noch rar. Da im zweiten Teil dieser Tagung zahlreiche produzenteninitiierte Beispiele dargestellt werden, wird hier versucht, die Konsumenteninitiative als Kriterium für die Auswahl der Beispiele anzulegen. Der folgende Abschnitt stellt eine Reihe von unterschiedlichsten Beispielen für öko-intelligente Konsumstrategien und Konsumentenaktivitäten dar (vgl. CAF et al., 1996).

5. Beispielsammlung

I. Ökologische Mobilität: Von Car-Sharing über MobilCard bis zur autofreien Wohnsiedlung

I.1 StattAuto Berlin: Nutzen statt Besitzen

Quelle: StattAuto GmbH

Ziel: Durch gemeinschaftliches Nutzen von Kraftfahrzeugen sollen ökologische und finanzielle Vorteile gegenüber dem Besitz eines privaten PKWs erzeugt werden (joint private ownership).

Träger: StattAuto Car Sharing GmbH, kontrolliert durch StattAuto Berlin e.V.

Konzept: Bei StattAuto Berlin benutzen 3.200 Menschen 150 Fahrzeuge gemeinsam. Gegen eine Kapitaleinlage (800,- DM für Einzelperson), eine Aufnahmegebühr (200,- DM für Einzelperson) und einen monatlichen Beitrag (14,- DM für EP) können jederzeit Autos gebucht werden. Die laufenden Kosten werden pro Leihdauer und gefahrene Kilometer umgelegt (z.B. 8,- DM pro Stunde/0,16 DM pro km). In Berlin stehen 37 Abholstationen zur Verfügung.

Mittlerweile existiert ein Verbund der Car-Sharing Organisationen in Deutschland (75 Städte) und innerhalb von Europa (212 Städte). Buchen von Bahntickets, bargeldlose Taxibenutzung, kostenlose Lastenradbenutzung und der Lieferservice von Einkäufen (StattKauf) sind weitere Dienstleistungsangebote.

Geplant ist die Einführung einer MobilCard, die bargeldlosen Zugriff zu allen möglichen (öffentlichen) Transportsystemen ermöglicht, außer Flugzeug und Privat-PKW.

Effekte: Die Car Sharing Strategie ist es, eine kollektive Nutzung von Gütern zu erreichen, die als Privatbesitz nur geringfügig genutzt werden. Dadurch wird bei gleicher Bedürfnisbefriedigung die absolute Anzahl an Fahrzeugen verringert, was zu einer Reduktion von Material- und Energieverbrauch führt.

Reduziert wird ebenfalls der finanzielle Aufwand für Car Sharing Nutzer: bis zu einer durchschnittlichen Fahrleistung von 10.000 km pro Jahr ist das Autoteilen günstiger als ein eigener PKW. Außerdem verändert die Teilnahme am Car Sharing System die Nutzungsgewohnheiten der Teilnehmer: Insgesamt verringert sich die Anzahl der mit dem PKW gefahrenen Kilometer. Ein weiterer Vorteil ist die Erweiterung der Dienstleistung: Car Sharing bietet für jeden Bedarf die richtige Mobilitätslösung: Transporter, Cabrio oder Familienauto.

I.2 Nimm Mit – Steig Zu

Ziel: Durch bessere Ausnutzung von privaten PKWs soll die Mobilitätssituation (auf dem Land) verbessert und die Umwelt geschont werden.

Träger: Mit-Fahren e.V. Förderkreis Lüchow-Dannenberg

Konzept: An 150 Haltepunkten im Kreis Lüchow-Dannenberg nehmen AutofahrerInnen nicht motorisierte BürgerInnen mit. Mit dem Ausweis für 10,- DM erwerben die ZusteigerInnen eine Unfall- und Haftpflichtversicherung, die MitnehmerInnen haben eine Plakette am Auto. Als Entgelt für´s Mitnehmen werden ca. 0,10 DM pro km bezahlt.

Effekte: Mittlerweile nehmen über 100 ZusteigerInnen und 1000 MitnehmerInnen am System teil. Die Wartezeit an den Haltepunkten beträgt selten länger als 10 Minuten. Aber, die Bereitschaft der MitnehmerInnen, selbst einmal ZusteigerInnen zu werden, ist gering. Daher ergänzt das Angebot eher das Unterangebot an öffentlichem Nahverkehr, als private PKW zu ersetzen.

Geplant ist die Ausweitung der Dienstleistung zu einer Mobilitätszentrale, die für jedes Mobilitätsbedürfnis die ökologisch und ökonomisch gesehen günstigste Fortbewegungsstrategie kennt und organisiert. Eine ähnliche Einrichtung existiert bereits in Hameln.

I.3 „anders wohnen„ in der Grünenstraße: genossenschaftlich, ökologisch und autofrei

Ziele: Genossenschaftliches Wohnen soll verwirklicht und allgemein sollen ökologische Standards in den Wohnungsbau integriert werden. Durch den Verzicht auf

	Privatautos sollen Stellplatz-Flächen eingespart werden.
Träger:	Genossenschaft „anders wohnen" in Bremen
Konzept:	Eine Genossenschaft unter Leitung eines Architekten plante und realisierte das Gebäude mit 23 Wohnungen an der Grünenstraße in Bremen nach Niedrig-Energie-Standards. Die Bewohner verpflichten sich im Genossenschaftsvertrag, keine eigenen Autos zu halten oder dauerhaft zu nutzen. Regenwasser wird gesammelt und in Toiletten und Waschmaschinen genutzt, Abwasser von Badewannen dient zur Toilettenspülung. Demokratische Entscheidungs- und Planungsprozesse und hoher Eigenarbeitsanteil prägen das Zusammenwirken der Bewohner.
Effekte:	Für 40 Menschen ist Wohnraum mit ökologischen Standards geschaffen worden. Eine Reduktion von Wasser- und Energieverbrauch, sowie des Flächenverbrauchs für Stellplätze wurde erreicht. Die Genehmigung einer reduzierten Anzahl von Parkplätzen (5 statt 18) durch das Bauamt ist ein Novum für Deutschland. Dadurch konnte die wertvolle Grundfläche anderweitig verplant werden. In der Grünenstraße tritt das Nutzen von Mobilitätsangeboten an die Stelle des Besitzens eines eigenen PKWs.

Quelle: Jäger, 1994

II Ökologisches Einkaufen: Regionale Produktions- und Distributions-Kooperativen

II.1 (Wieder-)Belebung der Infrastruktur: Der Nachbarschaftsladen

Ziel: Wohnungsnahe Grundversorgung mit Dienstleistungen und Produktensoll besonders für den ländlichen Raum (wieder) hergestellt werden.

Konzept: Der Nachbarschaftsladen bietet die Bündelung von unterschiedlichsten Dienstleistungen unter einem Dach: Die Kernfunktion ist der Lebensmitteleinzelhandel, Zusatzfunktionen sind zum Beispiel Dienstleistungsangebote, Informationsangebote, soziale Treffpunkte.

Nachbarschaftsläden werden durch die aktive Teilhabe der BürgerInnen getragen:

Beteiligungsgesellschaften, Kooperativen, Vereine als Trägerform sind denkbar. Oft findet eine ehrenamtliche Beteiligung der BürgerInnen statt, was zu einer hohen Identifikation mit dem Laden führt. Die Gründung einer solchen Infrastruktur wird erleichtert durch öffentliche Anschubfinanzierungen und professionelle Beratungen.

Das Lebensmittelangebot der nachbarschaftsläden ist häufig geprägt durch ein regionales Produktangebot und ein ökologieorientiertes Sortiment. Außerdem findet eine Belebung von ökologieorientierten Dienstleistungsangeboten mit Beteiligung lokaler Kräfte (ABM) statt Das sind z.B. Reparieren, Vermieten, Tauschen ..., Telekom-/Post-Dienste, kommunale Dienste, Agentur für Bestellungen/Versandhandel, Sammelstelle für Problemmüll etc.

Effekte: Durch das (wieder)herstellen einer örtlichen Versorgungs-Infrastrukur mit optimierter Logistik können individuelle Transportwegen und Einkaufsverkehr verringert werden. Durch das regionale Produktangebot wird die regionale (Land)Wirtschaft gefördert. Außerdem reduziert der Nachbarschaftsladen die Zugangshindernisse zu ökologischerem Einkaufen. Das soziale Gefüge vor Ort wird gestärkt, brachliegende lokaler Kräfte werden aktiviert und Personen, die kein Auto besitzen oder nicht mehr so mobil sind, können sich im Nahbereich versorgen.

Beispiele.
- „UNSER LADEN“ im 860-Einwohner-Ort Hutten bei Schlüchtern
- „UNSER LADEN“ im 470-Einwohner-Ort Sargen roth im Hunsrück
- „community shops“ in England, Initiative von Ehrenamtlichen
- „Multiservice Village“ in Frankreich, Initiative der Kommune

II.2 StattKauf: Bringdienst für regionale Güter

Ziele: LKW und PKW Liefer- bzw. Einkaufsverkehr soll verringert, der Absatz regionaler und biologisch angebauter Güter gestärkt werden.

Träger: StattAuto-Car Sharing GmbH und Querfood KG (Ausführung)

Konzept: StattKauf Berlin ist ein Hauslieferdienst für Waren des täglichen Bedarfs, die hauptsächlich aus Brandenburg stammen. Der Mindestbestellwert beträgt 50,- DM. Nach telefonischer Bestellung erfolgt die Lieferung nach Vereinbarung. Die Preise für den Bringdienst sind gestaffelt nach Menge:
1. Kiste 5,- DM, 2. Kiste 4,- DM, ...

Effekte: 70 Personen nutzen derzeit den Lieferdienst. Es finden ca. 30 Lieferungen pro Woche statt. Die Nutzerzahl steigt langsam an. Eine Entlastung der Nutzer, Verringerung des Einkaufsverkehrs und Steigerung der Abnahme lokaler, biologisch angebauter Produkte sind zu vermuten. Das Projekt trägt sich selbst, ist aber noch zu jung, für fundierte Erfahrungsberichte.

II.3 Köln Sharing: Produkte leihen statt kaufen

Ziele: Durch gemeinschaftliche Benutzung von selten gebrauchten Gütern sollen Rohstoff- und Energieverbrauch sowie Kosten gesenkt werden.

Träger: Köln Sharing e.V. (die Kölner Car Sharing Organisation)

Konzept: Durch die Idee der Schweizer ShareCom angeregt verwaltet die Car Sharing Organisation eine Liste von Gütern, welche die Mitglieder mit anderen teilen möchten. Der Mitgliedsbeitrag beträgt 1 DM im Monat. Haben sich zwei Anbieter und Nachfrager gefunden, geschieht die Abwicklung direkt zwischen den „Sharern". Derzeit werden zum Beispiel Gartenpavillions, Waffeleisen, Tandems, Werkzeuge und eine Buttonmaschine angeboten.

Effekte: Den 360 kölner Mitgliedern von Car Sharing steht der Service zur Verfügung. Sie vermeiden die Anschaffung selten genutzter Geräte durch leihen, bzw. bieten ihre selten genutzten Güter zum Ausleihen an. Die absolut nötige Anzahl an Gütern zur Befriedigung der Bedürfnisse wird reduziert. Die Zahl der aktiven Nutzer steigt langsam an.

II.4 „Total tote Dose": SchülerInnen Initiative gegen Einwegverpackungen

Ziel: Die Intitative möchte ein generelles Verbot von Getränkedosen und Einwegverpackungen erreichen. Außerdem tritt sie für die Normierung von Mehrwegsystemen und die Rücknahme der Freistellungsverträge mit dem DSD durch die Landesregierungen ein.

Konzept: VerschiedenerJugendorganisationen tragen die Initiative, die 1991 in Göttingen gestartet wurde. Sie organisieren Aktionen, Demonstrationen, Diskussionen und Vernetzungen.

Effekte: In den Streit verschiedener Kommunen mit Verpackungsindustrie und Handel (München, Kassel, Frei-

burg, Frankfurt/M.) um ein Verbot bzw. Besteuerung von Einweg-Verpackungen, greift diese Konsumenten-Initiative ein und versucht, öffentliches Interesse und öffentliche Beteiligung zu vergrößern.

Erfolge: In einigen Regionen z.B. in einem Göttinger Stadtteil, sowie auf Föhr und Amrum sind keine Getränkedosen bzw. -Einwegverpackungen mehr im Verkauf.

III. LETS (Local Economy and Trade Schemes), Talente und andere (regionale Ökonomie)

Ziel: Sich in kleinen Schritten aus der Abhängigkeit vom herkömmlichen Zahlungsmittel Geld zu lösen, regionale und kleinräumige Strukturen zu fördern, die lokale Produktion und Distribution zu stärken sind Ziele dieser Initiativen.

Konzept: TALENT ist ein bargeldloses immaterielles Zahlungsmittel, das die TeilnehmerInnen am Talent-Experiment nutzen, um gegenseitig Leistungen auszutauschen. Jeder Teilnehmer hat ein öffentliches Konto, wo Talente gutgeschrieben oder abgebucht werden. Tauschgegenstände können Produkte (selbstangebautes Gemüse) oder Dienstleistungen (Französisch-Nachhilfestunden) sein. Den Wert der Leistungen bestimmen die Anbieter selbst. Streitfälle werden in den Teilnehmerversammlungen geschlichtet. Ansammlung von Talenten wird mit einer Parkgebühr belegt, da das System besser funktioniert, je mehr Talente als Zahlungsmittel genutzt werden. Das System lebt von Transparenz, Mitbestimmung und Einsatz von moderner Computer- und Informationstechnik. „Informationen sollen um die Erde kreisen, nicht Waren".

Effekte: Seit November 94 haben sich in Deutschland über 60 Tauschgemeinschaften gebildet. Menschen, die aus der herkömmlichen Erwerbsarbeitsstruktur herausfallen, finden im Talent-System Möglichkeiten einer sinnvollen Beschäftigung und Verbesserung ihrer Lebensqualität. Durch die Förderung lokaler, dezentraler Strukturen können Transporte vermieden werden. Die Möglichkeiten durch Dienstleistungen (Reparatur, Reinigung, Hol- und Bringdienste...) ressourcenproduktiver zu wirtschaften sind in diesen Systemen besonders groß.

Allerdings existiert bisher keine Koppelung an staatliche Absicherungs- und Steuersysteme.

In England gibt es bereits über 200 LETS-Systeme, die größten besitzen 5.000 Mitgliedern.

IV. Kommunal organisierte Initiativen gegen Arbeitslosigkeit und Armut, für die Umwelt: Arbeitslosen Initiativen, Ausbildungsprojekte für arbeitslose Jugendliche ...

IV.1 Zum Beispiel Paderborner Umweltwerkstatt – gegen Arbeitslosigkeit für die Umwelt

Ziele:	Die berufliche und soziale Wiedereingliederung von Arbeitslosen (Jugendlichen) sowie Sperrmüllvermeidung durch Möbelrecycling sollen erreicht werden.
Träger:	Paderborner Initiative gegen (Jugend-)Arbeitslosigkeit e.V., PIGAL
Konzept:	Mit Zuschüssen von Stadt, Kreis und Arbeitsamt restaurieren vorrangig jugendliche Arbeitslose Möbel vom Sperrmüll, um diese zu verkaufen.
Effekte:	Diese Initiativen erfahren große Akzeptanz bei der Bevölkerung. Die restaurierten Produkte und die angebotenen Dienstleistungen werden nachgefragt. Dadurch wird eine Reduktion des Sperrmüllaufkommens erreicht und die Anschaffung neuer Güter vermieden. Schwierigkeiten gibt es allerdings bei der Vermittlung von Dauerarbeitsplätzen an die arbeitslosen Teilnehmer der Initiative, aufgrund der angespannten Lage auf dem Arbeitsmarkt.

V. Konkurrenz zum Monopol: Private kooperative Energieerzeugung, Beteiligungsgesellschaften

V.1 Zum Beispiel Windfang: Windkraftanlagen-Betreibergesellschaft

Ziel:	Privates Kapital soll nutzbar gemacht werden für alternative öko-effiziente Projekte.
Konzept:	Öko-intelligente Betreibergesellschaften errichten zum Beispiel Windkraftanlagen oder anderen ökologisch sinnvollen Infrastrukturen, an denen sich BürgerInnen mit (geringen) Beträgen als stille Gesellschafter beteiligen können.

Effekte: Durch die finanzielle Teilhabe der BürgerInnen wird eine Identifizierung mit den ökologisch sinnvollen Infrastrukturen und eine Popularisierung derselben erreicht. Durch das Kapital der privaten Anleger wird eine vermehrte Realisierung von ökologischen Konzepten unterstützt. Positive Beispiele machen Schule. So kann eine Steigerung der Ressourcenproduktivität erreicht werden und der ökologisch sinnvoller Einsatz von verfügbarem Kapital wird systematisch organisiert.

V.2 Netzkauf Schönau: Stromnetz in Bürgerhand

Schönau im Schwarzwald und Schönauer Bürger
Quelle: Netzkauf Info-Broschüre

Ziele: Ziele dieser Initiative sind der Ausstieg aus der Atomenergie, öko-effiziente Energieerzeugung und Energieeinsparungen. Das eigenverantwortliche Handeln und der Gemeinschaftssinn der Schönauer Bürger soll gestärkt und privates Kapital in Zukunftstechnologien investiert werden. Ökonomische Anreize für stromsparendes Verhalten, Stromsparinvestitionen und umweltschonende Stromproduktionsmöglichkeiten sollen erzeugt werden.

Träger: Energie-Initiativen in Schönau im Schwarzwald und die Gemeinde Schönau (Bürgerentscheide)

Konzept: Die ehrgeizigen Ziele der Schönauer Energie-Initiativen drohten am trägen Energieversorgungsunternehmen

(EVU) zu scheitern. Daher wollten die Schönauer das Stromnetz selbst übernehmen und betreiben. Dafür wurde eine neue Elektrizitätswerke Schönau GmbH gegründet. Schwierig gestalten sich die Rückkaufverhandlungen mit dem alten EVU. Das verlangt einen maßlos überteuerten Preis und hält Daten zurück, die für die Netzbewertung gebraucht werden. Daher startet die Schönauer Initiative eine Spendenmobilisierung zum Rückkauf unter Vorbehalt und plant die Anstrengung eines Musterprozesses gegen das EVU. Die Initiative wird durch einen Fonds der Gemeinschaftsbank unterstützt.

Effekte: Wenn die Schönauer ihr Ziel erreichen, wird die Nutzung von Wind- und Wasserkraft und dezentrale Energieversorgung (BHKWs, Biogas) realisiert. Durch die gemeinschaftlich getragenen Entscheidungen und Anstrengungen wird eine starke Bürgerbeteilgung und -identifikation mit den ökologisch sinnvollen Maßnahmen hervorgerufen.

Die Mobilisierung von Einsparpotentialen ist die Folge. Dann würde die Schönauer Initiative zu einem erfolgreichen und ökologisch sinnvollen Angriff des EVU-Monopols.

6. Fazit

In folgenden abschließenden Thesen sollen die Schlüsse aus dem bisher Dargestellten zusammengefaßt werden:

- Ziel von öko-intelligenten Konsumstrategien muß es sein, Material- und Energieströme, die für die Befriedigung von gesellschaftlichen und individuellen Bedürfnissen in Bewegung gesetzt werden, sowie Abfall- und Schadstoffaufkommen zu reduzieren.
- Konsumstrategien, die nach dem Prinzip „Nutzen statt besitzen" funktionieren, schonen nicht nur die Umwelt, sondern bringen

auch einen Zugewinn an Nutzerflexibilität und weniger lästige Besitzerverantwortung mit sich.

- Öko-intelligentes Konsumieren ist heute schon möglich, aber mit vielen Hindernissen verbunden.
- Um neue öko-intelligente Konsumstrategien zu schaffen, braucht es eine Gruppe Gleichgesinnter (Bürgerinitiative/Verein/Kommune/Genossenschaft/...) und einen starken Initiator.
- Konsumenteninitiierte Konsumstrategien haben oftmals einen regionalen Rahmen durch den eingeschränkten Aktionsradius der Beteiligten.
- Ökologisch sinnvolle Konsumstrategien sind häufig mit positiven Beschäftigungseffekten und Verbesserungen im sozialen Umfeld verbunden. Diese Verbesserungseffekte sind meistens auch Bestandteil der Anfangsmotivation für solche Projekte.
- Neue Konsumstrategien erfordern neue Güter, rechtliche Rahmenbedingungen und Finanzierungsmodelle, die auf diese Strategien zugeschnitten sind.
- Die Informationsbereitstellung über Umweltbelastungspotentiale und Reduktionsmöglichkeiten muß so schnell wie möglich gravierend verbessert werden, um den Konsumenten ökologische Konsumentscheidungen zu erleichtern.
- Konsumenteninitiativen (Verhaltensänderungen) können in der Regel rascher zu großen Ressourcenproduktivitätssteigerungen führen, als technische Neuentwicklungen, die erst mühsam im Markt eingeführt werden müssen. Aber beides ist nötig und muß vorangetrieben werden.
- Idealerweise sollten Konsumenteninitiativen Hand in Hand mit Produzenten/Anbietern entwickelt werden – dann treten viele Hindernisse gar nicht erst auf und beide Seiten profitieren. Das erfordert eine erhöhte Gesprächs- und Kooperationsbereitschaft von Unternehmen und Konsumenten gleichermaßen.

Quellenangaben

- Behrensmeier, R./Bringezu, S., Zur Methodik der volkswirtschaftlichen Material-Intensitäts-Analyse. Der bundesdeutsche Umweltverbrauch nach Bedarfsfeldern. Wuppertal Paper, Wuppertal 1995 in Vorbereitung
- BUND/MISEREOR (Hrsg.), Zukunftsfähiges Deutschland. Ein Beitrag zu einer global nachhaltigen Entwicklung. Studie des Wuppertal Institutes für Klima·Umwelt·Energie GmbH, Basel/Boston/Berlin 1996
- Clearinghouse for Applied Futures (CAF), Sekretariat f. Zukunftsstudien et. al., Vorstudie nachhaltige Konsummuster und postmaterielle Lebensstile, interne Studie des UBA, 1996
- Europäisches Netzwerk für ökonomische Selbsthilfe und lokale Entwicklung, Stiftung Bauhaus Dessau (Hrsg.), Wirtschaft von unten. Peoples´s Economy, Desau 1996
- Jäger, H., Der Nachbarschaftsladen: Alles unter einem Dach!, Hess. Minist. f. Wirtschaft, Verkehr, (Hsg.), Wiesbaden 1994
- Kranendonk, S. (Hrsg.), Initiatives for a Healthy Planet. Conference Report NGO Forum on Women, Huairou/Beijing, China September 1995, Wuppertal 1996
- Peters, J. (Hrsg.), Die Geschichte alternativer Projekte von 1800 bis 1975, Berlin 1980
- Schmidt-Bleek, F., Wieviel Umwelt braucht der Mensch, mips – das Maß für ökologisches Wirtschaften", Basel/Boston/Berlin 1993
- Schmidt-Bleek, F./Tischner, U., Produktentwicklung. Nutzen gestalten – Natur schonen, Schriftenreihe der Wirtschaftskammer Österreich, Wien 1995
- Walletschek/Graw, ÖkoLexikon, Beck´sche Reihe, München 1995
- Weskamp, C. (Hrsg.), Ökologischer Konsum, Berlin 1995

Bodo Tegethoff, Hannelore Friege

Diskussion:

Friege: Mir ist aufgefallen, daß Sie sehr euphorisch auf die Konsumenten-Initiativen reagiert haben. Als Mitglied von Verbraucher-Organisationen bin ich zwar ein großer Freund von Konsumenten-Initiativen, weiß aber aus Erfahrung, daß man sie nicht überschätzen sollte. In der Realität trifft man nur ein sehr schmales Segment, meistens auf regionaler Ebene. Diese Initiative mag dann auch sehr intensiv sein und die Beteiligten auch entsprechend motivieren, betrifft aber in der Regel nicht mehr als 50 bis 100 Personen.

Wir müssen jedoch darauf hinarbeiten, daß Hersteller-Strategien sich auf eine breite Bevölkerung, beziehen. Das ist zwar viel schwieriger zu initiieren. Der Effekt aber wäre dann auf Dauer entsprechend groß. Erlauben Sie meine Skepsis: wir alle reden immer viel davon, daß die Konsumenten dies oder das gerne tun würden, schaut man wirklich hin, sieht man, daß es immer nur sehr wenige sind. Und weil es schwierig ist, viele Konsumenten mit einem Mal

Ursula Tischner, Hans-Hermann Braess

zu bewegen, sollte man an den Hersteller direkt herangehen, um eine Änderung zu erreichen.

Braess: Das Bremer Modell ist doch wohl nicht so erfolgreich gewesent, wie Sie es dargestellt haben. Dennoch: Man muß dieser Art Modelle, wie Sie sie vorgestellt haben, auf jeden Fall versuchen. Zum Projekt Statt-Auto in Berlin: Wieviele Personen, Frau Tischner, nehmen daran teil? Haben wir darüber genaue Informationen?

Ein großes Problem in der laufenden Diskussion ist die Zeitsouveränität. Viele Gruppen in der Gesellschaft – Manager, Wissenschaftler, Politiker – haben einfach keine Zeit mehr. Man könnte sich deshalb dieser Art Sharing-Konzepten, wie Sie sie dargestellt haben, nur dann anschließen, wenn es wirklich Zeitlücken gäbe, und ich glaube, daß Ihre Darstellung, Frau Tischner, zwar optimistisch klingt, wohl aber die Realität nicht widerspiegelt.

Tischner: Es gibt zwei Projekte in Bremen. Das eine ist in der Tat gescheitert. Das in der „Grünen Straße", das ich vorgestellt habe, wo 40 Menschen in 20 Wohneinheiten leben, ist realisiert worden und als Erfolg zu werten. Was das Statt-Auto betrifft: In Berlin benutzen 3200 Menschen 150 Autos gemeinsam. Und eine Umfrage hat gezeigt, daß die beteiligten Personen sehr mit diesem Experiment zufrieden sind. Die Tendenz: langsam steigend.

Friedrich: Ich habe heute Mittag deutlich zu machen versucht, daß es eigentlich keine Alternative zur *Zukunftsfähigkeit* gibt. Und wir haben vorhin von sehr schönen Beispielen erfahren, die dokumentieren, daß eine Realisierung durchaus möglich ist. In der Diskussion kam aber auch heraus, daß wir uns nichts vormachen dürfen: daß wir gegenwärtig sehr große soziale Probleme haben. Zu dem von Frau Tischner vorgestellten Beispiel LETS – ich kenne dieses Beispiel in der Tat – kann ich sagen, daß es zwar ökologisch und soziologisch sinnvoll ist, ich mir aber überhaupt nicht klar bin, ob ich es politisch für sinnvoll halte. In der gegenwärtigen gesellschaftspolitischen Situation sind die Zentrifugalkräfte so extrem geworden, daß viele Menschen so marginalisiert werden, daß ich keinen Grund zum jubeln habe, wenn ich von diesen Experimenten höre.

Scherhorn: Dem möchte ich widersprechen, Frau Staatssekretärin. Diese LETS-Bewegung ist ökonomisch interessant. Ich räume sehr wohl ein, daß man sie durchaus kontrovers betrachten kann. Wenn es aber in größerem Umfang gelänge, daß Personen im Ringtausch sich gegenseitig Realeinkommen verschafften, dann könnte das für das Wirtschaftssystem nur heilsam sein, weil man sich gegenseitig zinslose Darlehen gibt. Menschen, die keine Liquidität haben, könnten auf diese Weise zu einem gewissen Ausgleich gelangen. Das einzige Gegenargument könnte darin liegen, daß der Staat nichts abbekommt, praktisch keine Steuern kassiert.

Friedrich: Es stimmt eben nicht, Herr Scherhorn, daß hier zusätzliches Realeinkommen geschaffen wird. Geld ist nämlich ein universelles Tauschmittel, wodurch die tatsächliche oder postulierte Gleichheit im Tauschprozeß in unserer Gesellschaft behauptet wird. Auf Realtausch angewiesen zu sein, bedeutet eben innerhalb einer Geld vermittelten Gesellschaft aus dieser strukturell ausgeschlossen zu sein. Damit habe ich politisch meine größten Schwierigkeiten.

Drinkuth: Amerika hat uns gezeigt, wie inzwischen 30 Prozent der Bürger aus dem Geldkreislauf herausgestoßen wurden. Wir müssen uns deshalb fragen, ob es nicht eine Möglichkeit gibt, daß der einzelne Mensch zum einen in einem Geldkreislauf drin ist, zum anderen in einem Talentkreislauf.

Tischner: Es ist so, wie Sie es fordern, Herr Drinkuth. Es heißt ja nicht entweder Geld oder LETS, denn die Menschen leben schließlich sowohl vom Geld als auch vom Talent. Sie werten entweder ihren Lebensstandard auf oder schaffen sich neue Kontakte. Im Grunde genommen handelt es sich dabei um organisierte Nachbarschaftshilfe oder Tauschhandel.

Waginger: Ich möchte Sie darum bitten, darüber nachzudenken, ob es wirklich notwendig ist, daß das eine System das andere verdrängt. Nach dem wahren ökologischen Denken müßte es so eine Art Artenvielfalt geben, die praktisch mehreren Systemen nebeneinander zu existieren erlaubt. Ich halte es durchaus für eine ökologische Lösung, wenn jemand ein privates Auto hat, gleichzeitig am Car-Sharing-System teilnimmt, für Überlandverkehr sich ein Spezialauto aussucht und sich nicht gleich ein Sortiment von verschiedenen Autotypen anschafft. So muß auch nicht der, der häufig den öffentlichen Personennahverkehr benutzt, gleich auf sein eigenes Auto verzichten. Wir alle sollten uns für die Einstellung einsetzen, daß man mehrere Systeme parallel betreiben oder nutzen kann.

Herbert Waginger

Tegethoff: Ich frage Sie gern als Designerin, ob denn alle Produkte, die als verleihbar gelten, schon ein entsprechendes Design haben, sich also für Sharing, zum Beispiel für Sharing-Design nutzen lassen? Oder muß man nicht ein neues Design entwickeln, um die Produkte sozusagen „idiotensicher" zu machen, leichter reparierbar?

Tischner: Ich werte Ihren Hinweis als Polemik, weil wir alle wissen, daß die heutigen Produkte so gestaltet sind, daß ein einzelner sie benutzt – und zwar allein. Und daß Autos, die Sharing-tauglich sein sollten, ganz anders gestaltet werden müßten als sie es heute sind. Man müßte zum Beispiel alle Bedienungssysteme standardisieren, damit sich jeder gleich gut zurechtfindet. Deswegen bräuchten wir für die Sharing-Produkte eine Art „Idiotensicherheit", damit der, der ein Produkt nur einmal nutzt und es nicht besitzt, damit auch problemlos umgehen kann. Dies ist in der Tat ein großes Aufgabenfeld für Designer.

Die Preisbildung bei Talenten, die mehrfach angesprochen wurde, ist ein auf Offenheit hin angelegtes System. Den Preis für das Gut, das Talent oder die Fähigkeit, die man anbieten kann, bildet man zunächst selbst. Wer dieses Gut dann in Anspruch nimmt, ist entweder mit dem Preis einverstanden oder nicht. Dann kann es schon einmal zum Streit kommen, der dann in Mitgliederversammlungen, die von Zeit zu Zeit stattfinden, diskutiert und gelöst wird. Grundsätzlich werden der Tausch und die Verrechnung durch das computergesteuerte System festgehalten, durch eine Art „Schuldscheine" oder ähnliches festgeschrieben. Kommt eine Einigung nicht zustande, entscheidet die Gemeinschaft, indem der „richtige" Preis für die Dienstleistung festgelegt wird.

Stahel: Die Share-Coms wurden in der Schweiz erfunden. Inzwischen gibt es ein großes Netzwerk, das jedem ermöglicht, in mehr als hundert Share-Coms Mitglied zu sein. Mit anderen Worten: Wir haben in der gesamten Schweiz eine Art schattenwirtschaftliches System, das nicht nur Autos verleiht, sondern auch Videokameras und vieles andere mehr. Durch die inzwischen gewachsene Macht der Share-Coms wurden Produkte wie Erdgas-Fahrzeuge eingeführt, die es sonst auf dem Markt nicht gibt. Tatsache ist auch, daß die Share-Coms zum Wachstum verdammt sind,

Rolf Steinhilper, Walter R. Stahel

weil sie nur am Leben bleiben, wenn immer mehr Leute mitmachen.

Horntrich: Herr Braess, Ihre Firma müßte eigentlich die ökologisch richtigen Autos bauen, damit ich sie auch mieten und benutzen kann. Car-Sharing ist nämlich nur dann möglich, wenn Unternehmen wie BMW mitmachen und die entsprechenden Produkte bereitstellen. Sie haben als Unternehmen die Pflicht, auf die Bedürfnisse der einzelnen Benutzer einzugehen, egal ob eine Frau ihre beiden Kinder zum Kindergeburtstag bringt oder ein Mann seinen Hund von A nach B transportieren will. Wenn man ein Produkt länger benutzen will, spricht man bekanntlich vom Klassiker oder von Longlife-Design, und das hat viel mit der Gestaltung zu tun. Und die entspricht vielfach nicht ökologischen Kriterien, weil viele Designer falsch ausgebildet wurden, die Halbwertzeit des Entwurfs – bedingt durch Mode und Zeitgeist – schon abgelaufen war, bevor das Produkt auf den Markt gekommen ist. Es mag grotesk klingen, aber ich vertrete die These: Japanische Autos sind längst veraltert, wenn sie auf den Markt kommen. Die Frage ist also: Wie kann ich den Gedanken

Günter Horntrich, Erna Kleiner

der Langlebigkeit und des Öko-Designs in den Markt integrieren, um überhaupt später ein solches Produkt zur Verfügung zu haben? Oder anders ausgedrückt: Wie mache ich einen Klassiker? Eine weitere Frage bezieht sich auf den Service. Wenn ich Dienstleistung anbiete, dann werde ich im Sinne der Ökonomie und der Arbeitsplatzgestaltung ganz neue Arbeitsfelder erschließen. Beispiel: Wenn ich eine Kaffeemaschine aus Korea für 29 Mark kaufe, dann werde ich an dieser Maschine nicht viel ändern können, kaufe ich aber eine Maschine, in der zum Beispiel Elektronik dominiert, dann sind die Hersteller verpflichtet, Service-Zentren zu betreiben – also Dienstleistung zu verkaufen –, um Reparaturen zu ermöglichen. Also: Wir brauchen neue Denkstrukturen, die auf die geänderten Anforderungen an die Gestaltung eingehen.

Braess: Nach dem Zweiten Weltkrieg, Herr Horntrich, hat jede Automobilfirma mit einem Modell angefangen. BMW hatte den 501, Opel den Olympia usw. Inzwischen haben wir so viele Varianten, daß sie nicht mehr überschaubar sind. Allein BMW bietet den Kunden mehr als 17 Millionen mögliche Varianten. Die Konsequenz: Wir bieten inzwischen so viele Varianten, daß wir an der Grenze der Rentabilität angekommen sind. BMW hat deswegen Rover dazugekauft, weil wir mit diesem Unternehmen andere Segmente abdecken und andere Stückzahlen produzieren können. Nur: Sie dürfen sich nicht der Illusion hingeben, daß die Industrie jeden Wunsch erfüllen kann.

Horntrich: Dazu kann ich nichts mehr sagen.

Spielhoff: Solange die Unternehmer gegenüber dem Verbraucher für ihre Produkte keine Verantwortung haben, sondern nur gegenüber ihren Aktionären, haben wir als Designer keine Chance, etwas zu verändern.

Tischner: Mein Vortrag hatte nicht das Ziel, die Produzenten aus ihrer Pflicht zu entlassen nach dem Motto: Die Konsumenten machen das schon. Sondern ich wollte aufzeigen, daß es bereits eine Menge von Initiativen gibt, die eine Verbindung zwischen den beiden Seiten herstellen könnten. Als Designerin glaube ich natürlich auch, daß vieles eine Frage der Gestaltung und der Organisation ist und daß es bei Sharing-Systemen auf die Attraktion und die optimale Organisation ankommt. Nur wenn es gelingt, nach optimalen Kriterien zu leihen und zu teilen, werden breite Bevölkerungsschichten sich darauf einlassen. Nur dann werden viele zu der Erkenntnis gelangen, daß man durch Teilen, durch dieses verschiedene Dinge-nutzen-können auch die eigene Flexibilität steigern kann und in den Genuß vieler Dinge gelangt, die man sich sonst aus finanziellen Gründen nicht leisten könnte.

Dieter Brübach

Dieter Brübach

Umweltmanagement bei deutschen Unternehmen heute

In meinem Vortrag möchte ich auf drei Fragen eingehen:

- Wie stellt sich Umweltschutzmanagement in der Wirtschaft aus der Sicht von B.A.U.M. zur Zeit dar?
- Warum spricht alles dafür, das Thema Umweltschutz nicht zu vernachlässigen?
- Was muß getan werden, um den Stellenwert des betrieblichen Umweltschutzes zu erhöhen?

Einiges deutet darauf hin, daß es mit dem betrieblichen Umweltschutz zur Zeit nicht zum besten steht.

Die relativ instabile Lage der Weltwirtschaft und die auch in der Bundesrepublik Deutschland eingetretenen wirtschaftlichen Probleme haben zur Folge, daß man sich – verständlicherweise – diesen Fragen mit mehr Energie zuwendet als in der Vergangenheit. Rein ökonomische Probleme unter der alles andere niederschmetternden „Standort-Deutschland"-Prämisse sind durch ihr zunehmendes und verschärftes Auftreten in der Prioritätensetzung eindeutig nach vorne gerückt. Dementsprechend sind andere Themen relativ unwichtiger geworden.

In der unternehmerischen Alltagspraxis sieht das dann oft so aus, daß man für das Thema Umweltschutz kaum noch Zeit hat. Wichtigeres steht auf der Tagesordnung. Das Thema Umweltschutz wird hintenangestellt.

Akuter Geldmangel bei den Unternehmen läßt zudem manches Öko-Projekt von vorneherein scheitern. Dem Zwang zum kurzfristigen Geldsparen fallen dabei durchaus auch Maßnahmen zum Opfer, die mittel- oder langfristig von ökonomischem Vorteil wären. Auf die Mitarbeiter, die sich in den Unternehmen mit Umweltschutz befassen, kommt immer mehr Arbeit zu. Rationalisierungsmaßnahmen beim Personal bekommt auch der Umweltbereich zu spüren. Doch ist es verständlicherweise sehr schwierig, für den permanent wachsenden Aufgabenbereich Umweltschutz notwendiges Mehrpersonal durchzusetzen, wenn an anderen Stellen im Betrieb gleichzeitig Entlassungen in größerem Umfang vorgenommen werden.

Von den genannten negativen Erscheinungen, mit denen wir es aktuell zu tun haben, möchte ich jedoch die grundlegenden und langfristigen Trends unterscheiden. Über lange Zeiträume hinweg gesehen, hat der Umweltschutz in der Wirtschaft bereits beachtliche Fortschritte gemacht. Ich möchte sie an vier Merkmalen festmachen:

Eine breite Umweltschutzdiskussion in der Wirtschaft

Vor fünfundzwanzig Jahren galt ein Unternehmer noch als Spinner, wenn er das Wort Umweltschutz nur in den Mund genommen hat. Und noch vor fünfzehn Jahren gab es kaum Unternehmer, die offensiv für den Umweltschutz gesprochen hätten.

Dies hat sich in den letzten Jahren entscheidend geändert. Daß Umweltschutz auch ein Thema für die Wirtschaft sein kann, haben mittlerweile fast alle erkannt. Der Umweltschutz wurde aus der Ecke „Öko-Spinnerei" herausgeführt. In allen Fachzeitschriften, großen Nachrichtenmagazinen und Zeitungen sind wirtschaftsbezogene Umweltthemen ein Renner. Und wir erleben einen Tagungsboom zum Thema Öko-Öko, wie ihn kaum ein anderes Thema jemals hervorgebracht hat.

Sich mit einem Thema ausgiebig auseinanderzusetzen, ist jedoch ein erster und notwendiger Schritt hin zur Umsetzung in den konkreten Betriebsalltag. Der Meinungs-, Erfahrungs- und Know-how-Austausch hat sicher mit dazu beigetragen, die Wirtschaft für die Umweltproblematik zu sensibilisieren. Und er hat dazu geführt, daß bereits viel Gedankenarbeit dafür aufgewendet worden ist, wie die Probleme gelöst werden können.

Hohe Umwelt-Standards bei Produktion und Verfahrenstechnik

Wir in Deutschland rühmen uns – wohl nicht ganz zu Unrecht – hinsichtlich der umweltverträglichen Ausgestaltung von Produktion führend zu sein. Die Standards in der Verfahrenstechnik können sich im internationalen Vergleich durchaus sehen lassen. Wogegen man sich erst gesträubt hat, ist mittlerweile zu einem Exportschlager geworden: Umwelttechnik auf höchstem Niveau. Dieser Zweig unserer Volkswirtschaft erfreut sich nicht nur an mehr Umweltschutz, sondern auch an zweistelligen Wachstumsraten.

Institutionalisierung des Umweltschutzes

Von strategischer Bedeutung ist, daß der Umweltschutz in der Wirtschaft bereits in großem Umfang institutionalisiert worden ist. Dies trifft sowohl auf die Verbandsebene zu, wo sich kein Branchenverband das Fehlen einer Umweltabteilung oder eines Umweltarbeits-

Gruppendiskussion mit Dieter Brübach

kreises mehr leisten kann, aber auch auf die Ebene der einzelnen Betriebe. Nahezu alle größeren Firmen und viele mittelständische und sogar kleine Betriebe haben eine Umweltabteilung, einen Umwelt-Arbeitskreis oder zumindest einen Umweltschutzbeauftragten. Nicht immer hat dieser soviel Zeit und Kompetenzen, wie wir uns von B.A.U.M. dies wünschen würden. Doch zeigt sich darin der hohe Stellenwert, den die Beschäftigung mit dem Thema Umwelt für die Firmen heute hat. Die unternehmerische Aufgabe Umweltschutz wird akzeptiert, und Personalressourcen zur Aufgabenbewältigung werden bereitgestellt.

Umweltengagement der Wirtschaft

Ein Zeichen der Hoffnung sollte uns auch das Engagement von Top-Managern für die Umwelt sein. Die 450 Mitgliedsunternehmen des Bundesdeutschen Arbeitskreis für umweltbewußtes Management stehen dafür. Namhafte Unternehmen wie zum Beispiel Otto Versand, Mohndruck, Auro, Neumarkter Lammsbräu, ABB, Rewe und IBM haben gezeigt, daß Firmen durchaus mehr für den Umweltschutz tun, als das Gesetz vorschreibt. Nichts wirkt auf Ökonomen überzeugender als das gute Vorbild anderer Unternehmer. Die nachhaltig positive Resonanz auf die Idee von B.A.U.M. läßt erwarten, daß es auch in Zukunft eine Reihe von Pionierunternehmen gibt, die den Umweltschutz vorantreiben.

Für die – leider immer noch viel zu wenigen – Öko-Pioniere in der Wirtschaft spielen aktuell folgende Fragestellungen eine zentrale Rolle:

Öko-Audit nach EG-Verordnung

Die 1993 von der EG verabschiedete EG-Öko-Audit-Verordnung hat – zumindest in Deutschland – dem Umweltmanagement einen kleinen Boom beschert. Obwohl im Prinzip freiwillig, wollten viele Unternehmen mit als erste mit einer Standortregistrierung und dem damit erhofften positiven Imageeffekt glänzen. Im April 1996 waren bereits über 150 Standorte in Deutschland registriert.

Ganz nebenbei mußten in diesen Unternehmen Umweltmanagementsysteme nach dem Muster der Verordnung aufgebaut werden. Zentrales Anliegen ist es dabei, die Umweltbelange der betrieblichen Tätigkeit umfassend und systematisch zu erfassen, zu dokumentieren und weiterzuentwickeln. Strategisch gesehen wird Umweltschutz dadurch zum dauerhaften Thema im Betrieb. Durch die Verpflichtung zur kontinuierlichen Verbesserung der Umweltstandards kann man für die Zukunft von weiteren Fortschritten ausgehen.

Parallel dazu wird die Standardisierung, Begriffsdefinition und Normung von Umweltmanagement auch auf internationaler Ebene vorangetrieben. Auch dies macht „Umwelt“ für die Unternehmen handhabbarer.

Umweltberichterstattung

1990 gab es lediglich zehn Unternehmen, die eine Art „Umweltbericht“ veröffentlichten. Heute sind es allein in Deutschland rund 200. Hierin spiegelt sich deutlich die Erkenntnis vieler Unternehmen wieder, daß das Umweltgebaren eines Unternehmens für Kommunikation und Image eine große Rolle spielt. Außerdem zeigen die vielen Berichte, daß Umweltauswirkungen der Betriebe mittlerweile zunehmend dokumentiert und quantifiziert werden. Parallel zur ökonomischen Buchhaltung wird ein Umwelt-Informationssystem etabliert, das Daten zur Umweltsituation liefert und erst dadurch Trends aufzeigt, Schwachstellen analysiert und Chancen offenbart.

Auch wird die Qualität der Umweltberichterstattung zunehmend besser. Positiv dazu beigetragen hat sicherlich auch das vom Institut für ökologische Wirtschaftsforschung (IÖW) durchgeführte „Ranking" von Umweltberichten. Die vergleichende Bewertung der Umweltaktivitäten verschiedener Firmen – das sogenannte benchmarking – ist ein weiterer Ansporn für ehrgeizige Unternehmer, noch mehr zu tun als bisher.

Umweltkennzahlen

Der besseren Vergleichbarkeit sollen sogenannte Umweltkennzahlen dienen. Zahlreiche Aktivitäten laufen derzeit darauf hinaus, solche sinnvollen Kennzahlen zu entwickeln. Sogar Banken und Versicherungen wollen hier mitziehen und haben für ihre Brachen Umweltkriterien wie etwa Papierverbrauch pro Mitarbeiter und Tag definiert.

Umweltkostenrechnung

Ganz neue Perspektiven für die Kostenrechnung ergeben sich, wenn man einmal konsequent „Umweltkosten" zu ermitteln sucht. Ein Pilotprojekt bei der Kunert AG brachte zutage, daß rund 20 Prozent der Reststoffkosten eingespart werden könnten. Ausgangspunkt war die Erkenntnis, daß Abfälle nicht erst bei ihrer Beseitigung Geld kosten, sondern im Rahmen einer Stoffstrombetrachtung quasi schon beim „Einkauf" und in der Produktion als Kostenfaktor „mitgeschleppt" werden.

Aber auch bei den fortschrittlichen Unternehmen sind vielfach noch Defizite in ihren Umweltbemühungen festzustellen:

- Häufig wird Umweltschutz nur sehr selektiv angegangen. Im Ergebnis werden Umwelterfolge nur auf „Nebenschauplätzen" erzielt, während Kernprobleme – etwa im Produktbereich – zunächst unbearbeitet bleiben.
- Externe Umwelteffekte werden von den Betrieben kaum in ihre Überlegungen einbezogen. Was außerhalb der Betriebstore passiert, hat oftmals für die Unternehmen keine Relevanz. So ist zum Beispiel der Bereich „Verkehr" – obwohl gesellschafts- und umweltpolitisch von höchster Relevanz – im betrieblichen Focus gänzlich unterbelichtet.
- Umweltschutz ist Zukunftssicherung. Doch auch bei den Öko-Unternehmen dominieren kurzfristige Aktivitäten vor einer langfristigen Umweltstrategie. Mit quantifizierten Zielvorgaben für mehrere Jahre wagt sich denn auch kaum ein Unternehmen an die Öffentlichkeit.

Warum bleibt das Thema Umwelt in Zukunft für die Unternehmen wichtig?

Zunächst einmal ergibt sich doch eine zwingende Notwendigkeit, sich auch in Zukunft mit dem Thema Umweltschutz zu beschäftigen, weil die Umweltprobleme auf unserer Erde noch völlig ungelöst sind.

Ein Bericht des Umweltprogramms der Vereinten Nationen aus dem Jahr 1992 kommt zu dem erschreckenden Ergebnis, daß in den vergangenen 20 Jahren keines der bestehenden Umweltprobleme gelöst worden sei. Statt dessen

- werden Luft und Wasser immer schmutziger,
- die Wälder immer mehr vernichtet,
- dehnen sich die Wüsten immer mehr aus,
- wird der nutzbare Boden geringer,
- und die Ozonschicht immer dünner.

Die Menschheit sitzt auf einer Zeitbombe. Es ist höchste Zeit, umweltorientiert zu denken und zu handeln. Was für die Menschheit insgesamt gilt, gilt auch für den einzelnen Unternehmer.

Das Geschehen im unmittelbaren Umfeld macht umweltorientiertes Management notwendig, nicht zuletzt aus ökonomischem Eigeninteresse des Betriebs.

Neue Anforderungen aus der Umweltgesetzgebung

Die Verpackungsverordnung war nur der Auftakt für eine Reihe ähnlich gearteter Normen, die für die betroffenen Branchen großen Handlungsbedarf aufwerfen. Das im Oktober in Kraft tretende Kreislaufwirtschaftsgesetz konfrontiert die Unternehmer mit einer für viele ungewöhnlich weit gefaßten Produktverantwortung. Bereits erheblich verschärft wurde die Umwelt- sowie die Produkthaftung.

Markt und Wettbewerb

bewirken, daß sich viele Unternehmen und die Öffentlichkeit umweltverträgliche Produkte wünschen. Gestützt von der Aufklärungsarbeit der Medien sowie von Verbraucher- und Umweltverbänden wird dieser Trend anhalten. Die Konkurrenz schläft nicht. Gerade Umweltinnovationen lassen sich gut auf den Märkten plazieren. Wer hier nicht mithalten kann, wird bald den Anschluß verlieren.

Umweltschutz als Kostenfaktor

Leider ist die Ansicht immer noch weit verbreitet, Umweltschutz mit einem Mehr an Kosten gleichzusetzen. Viele wollen nicht einsehen, daß gerade unterlassener Umweltschutz zu ökonomischen Nachteilen führen kann.

Tatsache ist, daß Umweltschutz zu einem bedeutenden Kostenfaktor geworden ist – positiv wie negativ. Für die Unternehmen ergibt sich daraus der Zwang, sich im Management intensiv mit diesem Themenfeld auseinanderzusetzen. Umweltmanagement ist für ein Unternehmen ebenso wichtig geworden wie zum Beispiel Personalmanagement. Es gilt, die Umweltanforderungen, seien sie durch

Gesetze oder durch das Marktgeschehen begründet, auch ökonomisch optimal im Unternehmen umzusetzen. Man kann nicht einfach ständig steigende Energie- und Entsorgungspreise bezahlen, sondern muß aktiv werden. Energie- und Wassereinsparung, Abfallvermeidung, -getrennterfassung und -verwertung sowie integrierte Umweltschutztechnologien sind wichtige Bausteine für eine ökologisch wie ökonomisch gebotene Unternehmenspolitik. So wird Umweltschutz zu einem Produktivitätsfaktor, der im Wettbewerb Vorteile bietet.

Was muß geschehen, damit Umweltmanagement in den Betrieben zur Selbstverständlichkeit wird? Drei wesentliche Punkte möchte ich abschließend nennen:

Wir brauchen viel mehr mutige Unternehmer. Unternehmer mit gesellschaftspolitischer Verantwortung und ökologischem Verständnis. Hoffnung gibt die Generation der jungen Nachwuchsmanager, für die Umweltschutz von Anfang an ein vertrautes Thema ist. Ein Thema, für das sie in Schule und Ausbildung permanent sensibilisiert worden sind.

Solange es diese Unternehmer noch nicht in großer Zahl gibt, brauchen wir – leider – auch noch mehr Gesetze. Die Rechtssetzung als Motor für den Umweltschutz in den Betrieben wird ihre entscheidende Rolle wohl nicht so schnell verlieren. Gesetze helfen aber auch, Wettbewerbsverzerrungen zu vermeiden. Dann nämlich braucht kein Unternehmer mehr zu fragen: Warum soll nur ich etwas für den Umweltschutz tun und die anderen nicht? Im Zuge der Europäischen Gemeinschaft müssen diese Normen europaweit gelten. Wünschenswert wäre zudem eine weltweite Gültigkeit von Umweltschutzstandards.

Am schnellsten und besten wird sich Umweltschutz in den Betrieben jedoch umsetzen lassen, wenn es gelänge, umweltgerechtes Verhalten generell zu belohnen und umweltschädigendes Verhalten mit ökonomischen Nachteilen zu belegen. Die Knappheit der Ressourcen – seien es nun Rohstoffe oder Entsorgungskapazitäten – wird in dieser Richtung automatisch wirken, vielleicht auch auf das Marktverhalten der Verbraucher. Ergänzt und verstärkt werden müssen diese Effekte aber durch entsprechende staatliche Rahmenbedingungen. Im Rahmen einer öko-sozialen Marktwirtschaft müßten ökonomische Anreizsysteme für Umweltschutz endlich auf breiter Ebene installiert werden. Ein öko-intelligentes Steuersystem könnte bewirken, daß sich Umweltschutz für alle rechnet.

Friedrich Schmidt-Bleek, Wolfram Huncke

Diskussion:

Schmidt-Bleek: Wenn deutsche Unternehmer im Jahre 1996 immer noch nach Ordnungspolitik rufen, dann bin ich zutiefst besorgt. Die haben wir schließlich 25 Jahre gemacht und hatte auch einen wichtigen Grund: nämlich die Auseinandersetzung mit Schadstoffen.

Wenn wir uns allerdings für heute Wirtschaftspolitik mit ordnungspolitischen Maßnahmen vornehmen, dann sind wir meiner Ansicht nach auf dem falschen Dampfer. Ich glaube, daß die Unternehmer viel mehr gefordert werden müßten. Und viele sind inzwischen auch bereit, aus Eigeninitiative den ökologischen Strukturwandel zu gestalten und Wirtschaftsinstrumente für eine vernünftige Ökologiepolitik einzufordern. Wenn der Wirtschaftsminister nicht Umweltpolitik betreibt – weil Wirtschaftspolitik immer auch Umweltpolitik sein muß – dann sehe ich keine sinnvollen Zukunftsperspektiven. Ich möchte Sie alle herzlich bitten, in dieser Richtung weiterzudenken. Wir brauchen natürlich Wettbewerb, aber eben Wettbewerb durch die Produkte, die mit weniger Ressourcen- und Energieverbrauch auskommen und in zehn Jahren, oder früher, oder auch später als Ökoprodukte auf dem Markt sein werden und sich mit Wettbewerbern auseinandersetzen müssen. Wir müssen weg von der Ordnungspolitik, die Geld kostet. Wenn wir auf eine Technologiepolitik setzen, die nachher aufräumen muß, was vorher falsch gemacht wurde, dann laufen wir in die falsche Richtung.

Menke-Glückert: Schmidt-Bleek hat gerade das notwendige gesagt. Mich hat auch in der Tat erschrocken, daß in dem Referat von Herrn Brübach das Instrument der ökologischen Eckwerte, das zukunftsfähige Wirtschaften und das Instrument der freiwilligen Selbstverpflichtung – und zwar nicht nur des Bundes, sondern der Länder und der Kommunen usw. – nicht genügend akzentuiert wurde. Dieses „Umwelt necesse est", dieses Aha-Erlebnis, ist für die Wirtschaft längst vorbei. Das haben, meiner Ansicht nach, inzwischen alle verstanden. Es geht jetzt um das Wie, um das intelligente Wie. Und dazu benötigen wir ein integriertes Konzept, das die sozialen, kulturellen Elemente – als Sozialökologie – in diesem Prozeß entsprechend einbaut. Das letzteres von vielen Unternehmen noch nicht erkannt wurde, hat Herr Brübach richtig betont. Natürlich sind 500 Exoten, Firmen, die sich für den Umweltschutz engagieren und bei Future oder B.A.U.M engagiert sind, im Vergleich zu drei Millionen Unternehmen in der Bundesrepublik viel zu wenig. Und es gibt immer noch Branchen, die sich in keiner Weise für den Umweltschutz engagieren.

Die Unternehmer müssen begreifen, daß kein Produkt mehr bestehen kann, das nicht diese langfristigen Ziele – letztendlich die Zukunftsfähigkeit – garantieren kann. Es geht darum, das wurde schon einige Male gesagt, die Ressourcen- und Energieeffizienz zu steigern und dies zu ergänzen durch ein öko-intelligentes Steuersystem.

Ich möchte noch auf einige Tatsachen hinweisen, die uns sehr bedenklich stimmen sollten. Seit drei Jahren, so hat die Unternehmensberatungsgruppe Kaiser in Tübingen festgestellt, haben wir die Spitzenstellung im Export von Umwelttechnologien verloren. Wir hatten 1991 noch 21,5 Prozent, jetzt noch 17,5 Prozent Weltmarkt-

Anteil. Faktum ist: die Amerikaner haben uns überholt. Sie halten jetzt die Führungsstellung, dicht gefolgt von den Japanern und den Tigerstaaten in Südostasien. Und wir haben auch die Vormachtstellung in allen forschungsintensiven Produktbereichen verloren. Ich erinnere daran: Auch Faxgeräte waren einmal eine deutsche Erfindung.

Wir müssen Unternehmen und Öffentlichkeit bewußt machen, daß durch ordnungsrechtliche Maßnahmen, durch Umweltverbände usw., ein ungeheurer Druck in den letzten zehn Jahren ausgeübt worden ist, um zu umwelttechnologischen Innovationen zu kommen. Doch was wir jetzt im globalen Wettbewerb verloren haben, ist eine Katastrophe. Und ich erhoffe vom Wuppertal Institut eine Studie, die untersucht, warum das so hat passieren können, warum wir die Welt-Spitzenstellung in den letzten vier Jahren verlieren konnten?

Nehmen Sie das Beispiel Super-Windrad Growian: eine Milliarde haben wir investiert. Was ist daraus geworden? Die Dänen haben zehntausende von kleinen Windenergieanlagen zu einem exzellenten Exportartikel – vor allem in Kalifornien – gemacht. Woran liegt es, daß wir selbst auf den ureigensten Gebieten unserer Forschungs- und Technologiepolitik die Führung verloren haben? Warum ist bisher das neue Markenzeichen ECOMADE in GERMANY kein Welterfolg? Warum sind viele unserer Umwelt-Technik-Produkte und -Dienstleistungen zu kompliziert, zu teuer, zu wenig auf regional-kulturelle Bedürfnisse angepaßt?

Bornemann: Ich würde gern behaupten, daß die EG-Audit-Verordnung einen Schub gegeben hat. Aber ich muß leider feststellen, daß der Optimismus auch schon wieder auf dem Rückzug ist. Das Thema Umweltmanagement ist inzwischen in den Vordergrund getreten, wird aber leider auf verschiedenen Ebenen schon wieder ein wenig zerredet. Zwar haben wir inzwischen 14 000 Unternehmen in der Bundesrepublik Deutschland, deren Qualitätsmanagement Normenzertifiziert sind. Aber wir vermuten gleichzeitig auch, daß in 10 000 dieser Unternehmen das Qualitätsmanagement gar nicht „lebt“; unter anderem, weil die MitarbeiterInnen mit dem System nicht umgehen können, sie es nicht verstanden haben und weil es ihnen einfach übergestülpt worden ist. Viele Unternehmen

Siegmar Bornemann

warten in Deutschland darauf, nach den neuen Normen zertifiziert zu werden und nicht nach der EG-Umwelt-Audit-Verordnung validiert. Ich lege auf diesen Unterschied einen großen Wert, weil der Prozeß der Zertifizierung etwas anderes ist als der Prozeß der Validierung. Wir haben in der Diskussion eine babylonische Sprachverwirrung. Ich trete hier für die Unternehmen ein, die gerne mitmachen möchten, aber überhaupt nicht wissen, was sie tun sollen, um umweltbezogene Zielsetzungen zu erreichen. Das gilt besonders für mittelständische Kleinunternehmen. Mit diesen zu diskutieren, ist etwas völlig anderes als mit dem sogenannten Pionieren. Die glauben sich auf der sicheren Seite, daß die entsprechenden Schritte getan sind und geben sich happy. Ich bin darüber gar nicht glücklich. Es mag Spaß machen, mit den Öko-Pionieren etwas zu unternehmen. Für mich aber ist es viel wichtiger, den mittelständischen Unternehmen, die nicht die Mittel haben und bei denen vor allen Dingen der Zweifel überwiegt, auf den richtigen Weg zu bringen. Hier liegen die eigentlichen Probleme, die angepackt werden müssen.

Was das Umweltmanagement betrifft: das muß ein lebendes System werden. Um das zu erreichen, müssen alle Mitarbeiter von Anfang an mit in das System einbezogen werden und nicht irgendwann einmal, wenn das System bereits eingeführt ist. Deswegen wehre ich mich dagegen, daß viele Unternehmen auf die Normen warten. Natürlich wird es einfacher sein, nach den Normen ein Umweltmanagement-System aufzubauen, aber werden diese Systeme auch „leben"? „Nicht gelebte" Systeme können wir uns im Umweltschutz in keiner Weise leisten. Deshalb würde ich mich freuen, wenn das Thema Umweltmanagement weiter ein wichtiges Thema bleiben würde. 1992 war ich mir noch sicher. Inzwischen bin ich es immer weniger.

Happich: Auch ich war ein wenig schockiert, daß Sie nun noch mehr Umweltgesetze fordern, wo doch B.A.U.M vorgibt, die Wirtschaft zu repräsentieren. Das hat mich sehr überrascht, Herr Brübach. Ich erinnere mich an ein Seminar, das in unserem Unternehmen etwa vor drei Jahren stattgefunden hat, wo die bereits

Hartmut Happich, Karl Fordemann

bestehenden Umweltgesetze diskutiert wurden und wie schockiert die Teilnehmer waren, als sie erfuhren, was es an Umweltgesetzen bereits gibt. Und daß die, die sich für die Sache Umwelt schon seit vielen Jahren engagiert hatten, sich plötzlich zurückgeworfen fühlten bei dem Gedanken, welche *Umweltgesetze* sie in der Gesamtheit eigentlich hätten noch bedenken müssen.

Bei den Strukturen, die unsere Wirtschaft heute charakterisieren, finden wir zunehmend weniger Menschen, die bereit sind, gegenüber den Hierarchien Verantwortung zu übernehmen. Und wenn wir das Faktor 4-Konzept von Ernst Ulrich von Weizsäcker kritisch auf die Waagschale legen, dann müßte eine kleine Revolutionen stattfinden, um dieses Konzept in die Tat umzusetzen. Und Revolutionen muß man auch in der Wirtschaft immer gegen Bestehendes durchsetzen. Wenn ich dann noch den Faktor Zeit in Betracht ziehe, der notwendig ist, um alles das, was gefordert und notwendig ist auszutesten, dann weiß ich, daß wir mit weniger Vorschriften mehr Mut erzeugen könnten. Denn die Wirtschaft ist heute dabei, sich abzusichern gegen Produkt- und Umwelthaftungsprobleme und Versicherungsgesellschaften bieten umfangreiche Seminare an, um diesen „Absicherungsprozeß" den Unternehmen plausibel und schmackhaft zu machen.

Ich möchte ein Beispiel nennen: Wenn ich heute in einem Großbetrieb eine Produktionsmaschine kaufe, dann muß ich erst einen dicken Katalog darüber lesen, welche hausinternen und allgemeinen Vorschriften und Normen ich damit erfüllen muß. Ich weiß von Untersuchungen, daß damit die Kreativität beschränkt wird und die Kosten um bis zu 100 Prozent verteuert werden. Es ist auch zu beobachten, daß alle Vorschriften in den Unternehmen gar nicht mehr so schnell aktualisiert werden können, weil das gar nicht mehr zu bezahlen ist. Vielleicht ist das eine Antwort auf die Frage von Herrn Menke-Glückert: Warum verlieren wir den Vorsprung, den wir uns über Jahrzehnte im internationalen Wettbewerb erworben haben? Es liegt auch daran, daß die Manager in den Firmenstrukturen nicht mutig genug sind und die Mitarbeiter an den unendlich vielen Vorschriften hängen bleiben.

Braess: Mit was haben wir uns nicht in den letzten zehn Jahren auseinandersetzen müssen: Reengineering steht zur Debatte, Total

Quality Management ist auf der Tagesordnung. In den achtziger Jahren haben wir uns mit CIM und weiteren Konzepten auseinandergesetzt. Was ich damit sagen will: Wir Manager in der Industrie überfordern unsere Mitarbeiter mit einer Mehrzahl von an sich sehr richtigen Einzelaktivitäten, die aber in der Umsetzung im Arbeitssystem eines Mitarbeiters alle Grenzen überschreiten. Es sind ja nicht nur Vorschriften, wie Sie gesagt haben, Herr Happich, sondern auch Wellen von Wandlungen, die über die Mitarbeiter hinwegschwappen, um die Wettbewerbsfähigkeit aufrecht erhalten zu können. Es kann einem passieren, daß ein Mitarbeiter sagt: Jetzt kommen sie schon wieder mit einer neuen Welle, ich habe die anderen drei noch gar nicht abgearbeitet.

Huncke: Wenn man diese „Klagen" der Industrie aus dem Munde von Happich und Braess hört, dann sieht das so aus, als ob die Industrie durch Vorschriften und Reglementierung ohnehin schon so überlastet sei, daß die Mitarbeiter ökologische Auflagen als nicht mehr zumutbar empfinden könnten. Sind die Ökologen Traumtänzer, haben sie nicht genügend Bodenhaftung, Herr Fordemann?

Fordemann: Bodenhaftung ist in der Tat manchmal sehr schwierig, wenn man sich mit öko-intelligentem Produzieren auseinandersetzt. Was uns vor allem Schwierigkeiten macht, sind die ständig wechselnden Gesprächspartner bei den Genehmigungsbehörden. Da wird auf kommunaler Ebene ständig umorganisiert, neu organisiert, da werden Entscheidungen und Aufgabenstellungen ständig hin- und hergeschoben. Es passiert nicht selten, daß ein Mitarbeiter, der früher im Kulturamt war, plötzlich im Umweltamt sitzt und umgekehrt. Man muß dann als Unternehmer unendlich viel Zeit aufwenden, um mit den einzelnen Beamten zu einem Konsens zu kommen. Ebenso schrecklich ist der Prozeß der Konsensfindung unter den einzelnen Genehmigungsbehörden. Ich will das an einem Beispiel verdeutlichen. Wir sind Direkteinleiter von Oberflächenwasser. Wir haben uns deshalb entschlossen, ein Regenklär- und Rückhaltebecken zu bauen, um die Einleitungsgenehmigung, die in diesem Jahr abläuft, wieder zu erhalten. Ich erhielt nun von drei der vier Genehmigungsbehörden unterschiedliche Auffassungen, wie das Becken auszusehen habe. Es wurden Fragen diskutiert,

Hartmut Happich, Karl Fordemann, Gerhard Scherhorn

ob es ständig leer oder ständig gefüllt sein müsse usw. Aufgrund des Umweltengagements, das mein Unternehmen in den letzten Jahren gezeigt hat, konnten wir es uns leisten, die Repräsentanten der Behörden einfach nach Hause zu schicken und ihnen zur Auflage zu machen, erst dann wieder zu uns zu kommen, wenn sie sich geeinigt hätten. Und sie kamen wieder. Es hat zwei Monate gedauert, bis sie sich intern hatten abstimmen können.

Das zweite Erschwernis, auf das ich hinweisen möchte, ist die betriebswirtschaftliche Denke in unseren Unternehmen. Es ist heute fast unmöglich bei einem größeren Investitionsvorhaben, alle Stellen im Hause davon zu überzeugen, daß man bei der Anschaffung eines Wirtschaftsgutes, eines Investitionsgutes, nicht nur die Anschaffungskosten berücksichtigen darf, sondern auch die Betriebsfolgekosten bis hin zu der Entsorgung der durch die Nutzung der Maschinen anfallenden Reststoffe. Dazu ein aktuelles Beispiel. Ich habe mich in den letzten zwei Monaten mit dem Kauf einer Flaschenreinigungsmaschine beschäftigt: einem Investitionsgut in der Größenordnung von 2,5 bis 4 Millionen DM mit einer Lebensdauer von etwa 15 bis 20 Jahren. Naturgemäß gibt es gravierende Unterschiede bei den Produkten auf dem Markt. Man könnte sich in die Rolle des Einkäufers versetzen und sagen: ich kaufe die billigste Maschine. Diese Maschine kann 80 000 Flaschen in der Stunde reinigen und kostet 2,5 Millionen DM. Alles andere bliebe dann ohne Berücksichtigung. Würde ich die Anschaffung nun aus einem anderen Blickwinkel besehen und die Maschine als eine Blackbox betrachten, dann müßte ich mich fragen, was ich an Input und Energie hineingeben, welche Chemikalien ich berücksichtigen müßte und was am Ende bei der ganzen Sache herauskommen würde.

Um diese Sichtweise zu realisieren, braucht man zunächst im innerbetrieblichen Verfahren einen riesigen Zeitaufwand, um die Mitarbeiter an diesem Entscheidungsprozeß zu beteiligen, was wichtig ist, damit sie sich mit der Investitionsentscheidung auch identifizieren können. Wir müssen uns fragen, wie man eine solche Anlage installiert ohne Tenside, ohne Entschäumer, also ohne Mittel, die sich nachher in der Rückstandsanalyse im Haftwasser der Flasche gegebenenfalls wiederfinden lassen könnten. Und zugleich müssen wir uns fragen, welche Rolle der Einsatz der Primärenergie spielt usw. Wir müssen uns insgesamt über das Energiekonzept verständigen, zum Beispiel entscheiden, ob wir die Anlage ständig mit Frischdampf beheizen wollen oder im Sommer genügend Abwärme zur Verfügung haben, um die Maschine unter Umständen mit Abwärme zu heizen.

Die Folge: Es gibt zunächst innerbetriebliche Hürden und Denkblockaden, die überwunden werden müssen. Ich kann also die Investition für eine solche Maschine nicht am Listenpreis des Anbieters festmachen, sondern muß die Lebensdauer und die Gesamtbegleiterscheinungen mitberechnen und mich fragen, wie ich dann unter Umständen anfallende Reststoffe verwerten kann. Wenn ich schließlich einen Strich unter die ganzen Überlegungen und Rechnungen ziehe, dann weiß ich heute, daß die Maschine, die ich gekauft habe, über die Lebensdauer günstiger ist als die, die ich aus monetären Gründen vielleicht für eine Million Mark weniger hätte kaufen können. Wobei ich natürlich auch Unwägbarkeiten in Betracht ziehen muß, weil ich zum Beispiel nicht weiß, wie sich die Frischwasserkosten in den nächsten Jahren entwickeln werden und auch nicht, was mit den Abwassergebühren passieren wird. Für solche anstehenden Entscheidungen unter Umständen auf ein Ordnungsrecht zu warten, halte ich für absolut falsch.

Schmidt-Bleek: Sie haben nun Monate damit verbracht, um sich für eine Maschine entscheiden zu können. Eigentlich hätte der Produzent alles tun müssen, um Ihnen diesen Entscheidungsprozeß – vor allem auch Ihren Mitarbeitern – transparent zu machen und dadurch zu vereinfachen.

Soll das in Zukunft so weitergehen? Irgendwie müßten wir doch zu einer Systemlösung kommen, die zu intellektuellen und pekunären Lasten des Anbieters geht. Werden Sie das Upstream dem Produzenten mitteilen?

Fordemann: Die Diskussionen, die schließlich zur Entscheidung geführt haben, haben wir mit dem Anbieter gemeinsam geführt und nicht allein im stillen Kämmerlein. Die Lieferanten waren schließlich sehr froh darüber, daß wir die Bedingungen gemeinsam besprochen haben, haben großes Interesse signalisiert, dafür natürlich auch sehr viel Zeit und Geld aufgewendet, wozu nicht jeder Lieferant bereit ist. Natürlich auch mit dem Ziel, und damit komme ich zu Ihrer Frage, Herr Schmidt-Bleek, dieses Konzept als marktfähig in Zukunft vertreiben zu können.

Rummenhöller: Auch ich beschäftige mich mit Produktionsoptimierungen und Umweltmanagementsystemen. Herr Bornemann hat mit dem, was er vorhin gesagt hat, mir aus der Seele gesprochen. Die Pioniere, die immer ein entscheidendes Wort mitreden, sind in der Regel große Firmen. Sie können sich die nötigen Investitionen leisten, sie haben das richtige Personal. Die kleinen Mittelständler, auch darauf hat Bornemann hingewiesen, können leider nicht mithalten. Und gerade diese kleinen mittelständischen Unternehmen in der Metallbranche sind meine Klientel. Die haben zwar Probleme im Umweltschutz, aber nicht das Geld, weil der Kostendruck, der beispielsweise von der Automobilindustrie ausgeht, immer größer wird. Darüber hinaus fehlt ihnen die Kapazität und das Personal, um die Anforderungen erfüllen zu können. Und wenn der gesetzliche Druck noch größer werden sollte, dann werden diese kleinen mittelständischen Unternehmen irgendwann mit

Stefan Rummenhöller

dem Rücken zur Wand stehen und letztendlich ihr Unternehmen schließen müssen. Das ist die Situation, und deshalb kann ich nur sehr schwer an diese Unternehmen ein Umweltmanagementsystem verkaufen. Sie akzeptieren es einfach nicht, weil sie darin im Augenblick keinen Sinn sehen.

Zum Schluß eine Frage an Herrn Brübach: Gibt es eine Untersuchung über die Zahl der Unternehmen, die sich nach dem EU-Ökoaudit oder nach der DIN-ISO 14000 haben zertifizieren lassen?

Brübach: Etwa 150 Unternehmen, haben sich nach dem EU-Ökoaudit zertifizieren lassen. Nach der DIN-ISO 14000 ist in Deutschland wohl noch kein Unternehmen zertifiziert worden – wie ich höre.

Bornemann: Eine Zertifizierungsmöglichkeit nach den neuen Normen gibt es in Deutschland noch nicht. Die Modelle sind zwar im letzten Jahr verabschiedet worden, wurde auch überarbeitet und sollen im Herbst in Kraft treten. Offiziell darf aber danach noch nicht zertifiziert werden. Leider gibt es bereits einige Organisationen, die die Normen zur Grundlage eines Zertifizierungsprozesses machen,

Siegmar Bornemann, Manfred Wirth, Franz Lehner

obwohl dies eigentlich noch nicht möglich ist, und übergeben ihnen ein Zertifikat, in dem auf die Normen Bezug genommen wird. Das ist aber nur eine der Herausforderungen in diesem Thema. Es gibt noch ein weiteres, mehr psychologisches Problem, das ich dadurch zu lösen versuche, indem ich statt *Öko-Audit* immer *Umwelt-Audit* sage. Spreche ich nämlich von Öko, treffe ich bei vielen Unternehmern auf eine Sperre im Kopf.

Huncke: Damit sprechen Sie ein sehr sensibles Thema an. Ich würde gern wissen, ob das, was Herr Bornemann hier gerade ausgeführt hat, dem Konsens der hier versammelten Experten entspricht. Es gibt nicht wenige Kritiker, die behaupten, daß die Zertifizierungs-Kampagne – ob EU-Audit oder DIN-ISO 14000 – eine Art Goldgräberstimmung auf dem Unternehmensberatermarkt geschaffen habe, und daß sich selbsternannte Experten jetzt des Themas bemächtigten, um den einen oder anderen gutgläubigen mittelständischen Unternehmer, der von der Sache nichts weiß – was wir in einigen Diskussionsbeiträgen gehört haben –, über den Tisch zu ziehen.

Deshalb meine Frage: Ist die Darstellung von Herrn Bornemann charakteristisch? Ist das, was Herr Bornemann ausgeführt hat, die Wahrheit? Ich stelle fest, es gibt keinen Widerspruch (großes Gelächter). Also hat Herr Bornemann die Wahrheit gesagt.

Menke-Glückert: Ein Zwischenruf: Es gibt das Institut der Umweltgutachter und -berater in Köln, wo 200 Auditoren zusammengefaßt sind. Ich warne davor, alles in einen Topf zu werfen, weil wir inzwischen auch einige solide Berater haben. Es gibt natürlich darüber hinaus hunderte, die sich auf freier Wildbahn bewegen und für die das gilt, was Bornemann vorhin gesagt hat. Im Anschluß an Ihre Bemerkung, Herr Huncke, nochmal gefragt: Tun die alle das Richtige, haben sie die Kompetenz, um wirklich ein Öko-Audit qualifiziert bei mittelständischen Unternehmen realisieren zu können?

Rabelt: Bei einer Tagung in Karlsruhe zum Thema Produktion 2000 wurde über Unternehmen berichtet, die Reorganisationsmaßnahmen ergriffen haben, zum Biespiel Hierarchiestufen abbauen oder die Mitarbeiter – was Herr Fordemann schon unterstrichen hat – in der Produktion mehr in die Verantwortung einbinden etc. Meine These ist, daß in diesen Maßnahmen zur Effizienzsteigerung der Betriebe auch Umwelteffekte verborgen sind, zum Beispiel daß MitarbeiterInnen auch auf einen sauberen Arbeitsplatz achten, wenn sie mehr Verantwortung haben, oder daß der Aufbau von Beziehungen der Unternehmen zu Akteuren der Produktlinie (Kunden, Lieferanten) auch von Anforderungen an ein Umwelt- bzw. Stoffstrommanagement entspricht. Leider verbinden viele Unternehmen mit dem Wort „Umwelt“ immer noch ordnungspolitische Vorschriften und nicht auch Maßnahmen, die sie sowieso ergreifen, um auf dem Markt konkurrenzfähig zu sein. Deshalb ist es wichtig, den Unternehmen das Bewußtsein zu stärken, daß viele Aktivitäten, die sie durchführen, insbesondere zu Reorganisationsmaßnahmen, „unbeabsichtigt“ auch Umweltentlastungseffekte haben, ohne daß sie es so bezeichnen.

Brübach: Ich bin Herrn Bornemann sehr dankbar, daß er noch mal die Situation beschrieben hat, wie sie vor allem für die Masse der mittelständischen Unternehmen typisch ist. Wir sollten also nicht weiter über die Öko-Pioniere reden, weil die mit der Umsetzung der Gesetze ohnehin keine Probleme haben, sondern darüber nachdenken, wie wir in Sachen Umweltmanagement in den anderen drei Millionen Unternehmen weiterkommen. Die Gesetzgebung wird als Motor mittelfristig auch hier weiterhin eine wichtige Funktion haben – ob wir das gut finden oder nicht. Auch wenn wir wissen, daß ordnungsrechtliche Maßnahmen an Grenzen gestoßen sind. Anreizsysteme treffen den ökonomischen Eigennutz des Unternehmens am besten und am schnellsten und am umfassendsten. Dies gilt nicht nur für die ökobewußten, sondern für die ganz „normalen" Unternehmer.

Ein ökointelligentes Steuersystem, darauf hat Herr Menke-Glückert vorhin hingewiesen, wäre ein gutes, schon seit langem diskutiertes System, was sich aber im Augenblick offensichtlich nicht durchsetzen läßt.

Huncke: Jetzt hat das Wort Herr Dr. Manfred Wirth. Er ist Schweizer, er vertritt einen multinationalen Konzern, Dow Chemical Europe. Dieses Unternehmen ist in vielen Diskussionen des Wuppertal Institutes immer wieder als Vorbild hingestellt worden für eine große Tat: Es verleast Lösungsmittel. Vielleicht kann Herr Dr. Wirth im Laufe seines Referats darauf kurz eingehen und auf die Konsequenzen dieser Aktivitäten für den Umweltschutz berichten.

Manfred Wirth

Manfred Wirth

Öko-Effizienz als Herausforderung an die Industrie

Öko-Effizienz als Herausforderung an die Industrie lautete das Thema, das mir gestellt wurde. Ich möchte auf dieses Thema aus dem Blickwinkel meines Unternehmens eingehen, das zu irgendeinem Zeitpunkt gesagt hat: Es ist genug geredet worden über Sustainability, Nachhaltigkeit, es ist genug gesprochen worden von Öko-Effizienz. Wir wollen schauen, ob es eine Möglichkeit gibt, in dem Unternehmen etwas in die Praxis umzusetzen. Mit anderen Worten: etwas zu tun, als immer nur davon zu sprechen.

Ich möchte Ihnen das Modell vorstellen, das wir entwickelt haben, um die Richtung öko-effiziente Produkte in irgendeiner

1996 - Auf der Suche nach nachhaltiger Entwicklung

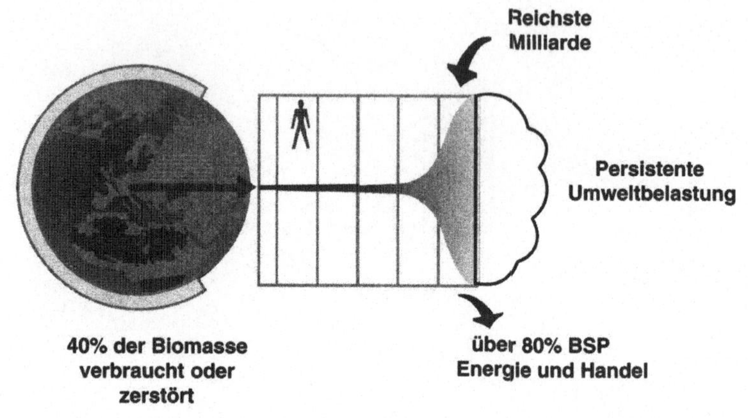

Abb. 1

2025 - eine Welt von 8 Milliarden und wachsend

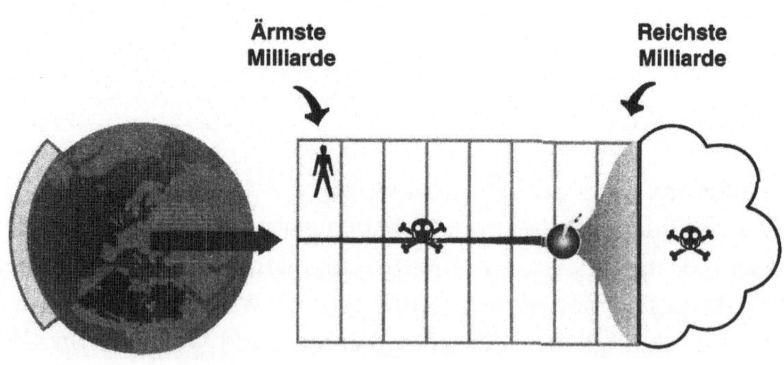

Abb. 2

Form erreichen zu können. Oder anders ausgedrückt: bei den Anwendungsentwicklungen voranzuschreiten.

Wir haben heute eine Weltbevölkerung von 5,5 Milliarden Menschen. In dieser Diskussion spielt es keine Rolle, ob wir eine halbe Milliarde weniger oder mehr haben. Auf der Abbildung 1 erkennen wir, daß die reichste Milliarde über 80 Prozent des Welthandels verfügt und daß sie zugleich über 80 Prozent des Bruttosozialproduktes darstellt. Und diese 80 Prozent sind natürlich verantwortlich für die gesamte Umweltbelastung, mit der wir uns gegenwärtig auseinandersetzen müssen.

Bis zum Jahr 2025 wird die Weltbevölkerung wahrscheinlich die 8-Milliarden-Grenze überschritten haben. Es dürfte deshalb jedermann einleuchten, daß bei Fortsetzung der heutigen Ressourcenausbeute der Lebensstandard, wie er vom entwickelten Teil der Welt genossen wird, zukünftig nicht umweltverträglich sein kann.

Das DOW-Öko-Modell

Was ist die Konsequenz im Jahre 2025? Wir werden natürlich eine reichste Milliarde haben (siehe Abbildung 2), daneben eine enorm vergrößerte Bevölkerung, die in Armut lebt. Darüber hinaus werden Hungersnöte zu sozialen Unruhen und zu Revolutionen führen. Wir würden, wenn wir nichts ändern, ein Szenario erreichen, das wir auf gar keinen Fall akzeptieren können. Das heißt mit anderen Worten: Wir haben 30 Jahre Zeit, um eine drastische Veränderung herbeizuführen (siehe Abbildung 3).

Nachhaltigkeit betrachten wir im Gleichgewicht von drei Sicherheiten. Wir brauchen eine sozial-ökonomische, eine ökologische und die Ressourcen-Sicherheit (siehe Abbildung 4). Wenn wir das Gleichgewicht erreichen, können wir von Nachhaltigkeit sprechen. Ich will nicht weiter in Details gehen, sondern zum Kern unseres Themas kommen, was Sie auf der Abbildung 5 sehen. Zugegeben: eine etwas komplizierte Graphik. Sie sehen den Kreislauf, in dem wir uns heute bewegen. Auf der einen Seite sehen Sie die Marktsituation, die Notwendigkeit, Produkte zu erschaffen, auf der anderen

30 Jahre Zeit für radikale Veränderung

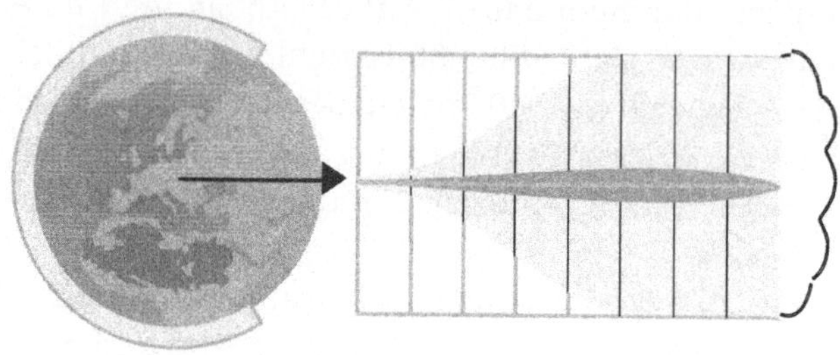

Menschliche Entwicklung muß von Materialintensität getrennt werden

Abb. 3

Nachhaltigkeit im Gleichgewicht

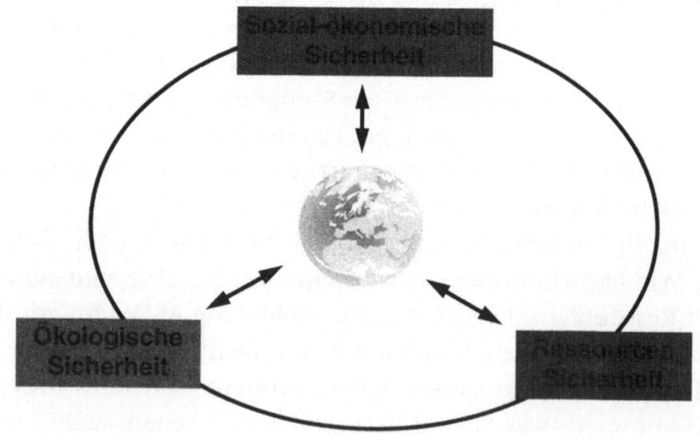

Abb. 4

Modell für nachhaltige Geschäftstätigkeit

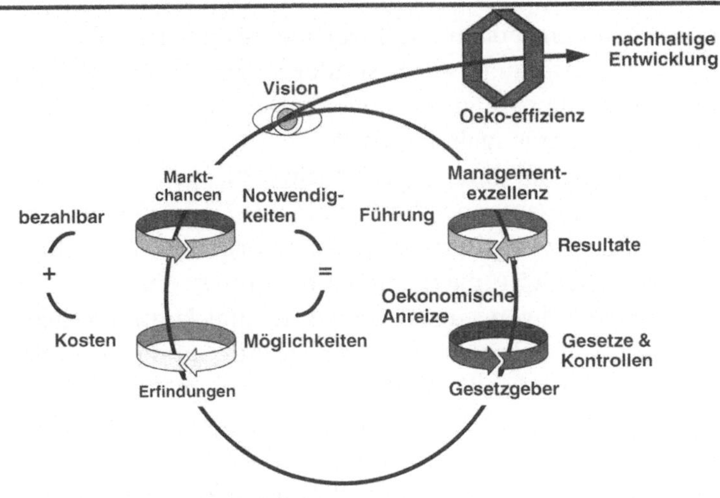

Abb. 5

Seite die Unternehmen, die Erfindungen machen müssen um daraus neue Produkte zu entwickeln. Und diese Produkte müssen, die Bedürfnisse des Marktes befriedigen können, sie müssen zu Kosten hergestellt werden, die vom Markt bezahlt werden können. Daneben sehen Sie auf der Graphik die entsprechenden Elemente von Unternehmensstrukturen wie Führung, Managementexzellenz bis hin zu den Resultaten. Alles Modelle, mit denen wir uns heute befassen müssen. Dazu kommt die Gesetzgebung, die sich in der Vergangenheit hauptsächlich mit der Entwicklung von Kontrollen und Gesetzen, die diese Kontrollen stützen oder absichern, beschäftigt hat. Inzwischen beobachten wir eine Tendenzwende hin zu ökonomischen Anreizen. Das zum Kreislauf, in dem wir uns ständig bewegen. Er führt uns jedoch nicht zur Nachhaltigkeit. Wir brauchen deshalb eine Vision, um aus diesem Kreis ausbrechen zu können. Ein Mittel, um dorthin zu kommen, ist das Öko-Modell, was wir bei DOW entwickelt haben und das ich Ihnen vorstellen möchte.

Was heißt das: Öko-Effizienz?

Wobei ich betonen möchte, daß Nachhaltigkeit nicht allein durch Öko-Effizienz garantiert wird, sondern gleichzeitig auch durch Sozialfaktoren, die eine große Rolle spielen, auf die ich allerdings hier im Detail nicht eingehen möchte.

Zunächst: Was ist überhaupt Öko-Effizienz? Es gibt eine Definition vom World Business Council for Sustainable Development. Danach wird Öko-Effizienz dann erreicht, wenn wir konkurrenzfähig Produkte und Dienstleistungen anbieten können, die menschliche Bedürfnisse befriedigen, unsere Lebensqualität kontinuierlich verbessern, und wenn gleichzeitig unser Einfluß auf die Umwelt und den Ressourcenverbrauch mindestens im Gleichgewicht zur Tragfähigkeit unseres Planeten steht. Dies enthält eigentlich alles, was wichtig ist. Ein harter Brocken. Was heißt das? Es ist nötig, die Perspektiven zu ändern und über das Endprodukt hinauszuschauen. Man muß den kompletten Lebenszyklus des Produktes von der Rohmaterialgewinnung bis hin zur Abfallentsorgung berücksich-

Ökoeffizienz Kompass

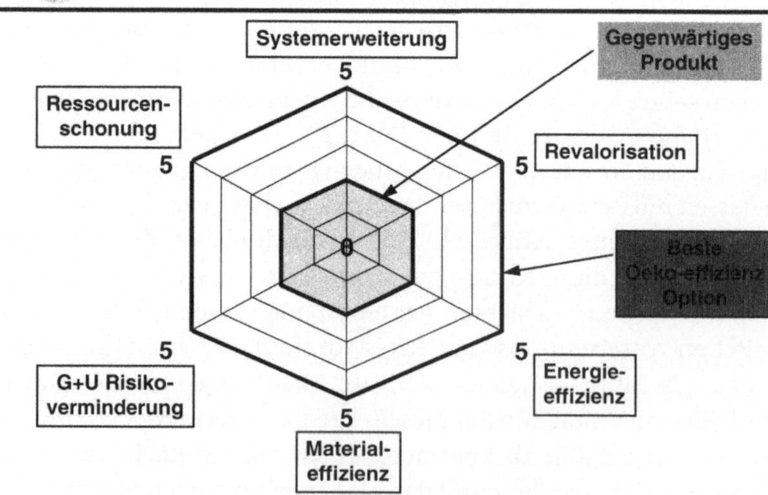

Abb. 6

tigen und die Funktion, die das Produkt erfüllt, betrachten und nicht nur das Produkt als solches. Zum Beispiel Isolation statt Schaumstoffe, Wärmeaustausch statt Glykole, Haltbarkeit der Lebensmittel anstatt Polyäthylenfolien usw. Am besten konzentriert man sich auf diejenigen Abschnitte des Lebenszyklus, die man auch wirklich in der Marktkette über einen Zeitraum von zehn bis zwanzig Jahren beeinflussen kann.

Wir bei DOW stellen hauptsächlich Chemikalien, Grundstoffe, Zwischenprodukte und Kunststoffe mit einer Palette von etwa 2500 Produkten her. Wir können uns nicht aus der Verantwortung herausziehen und sagen: Was nachher ist, wenn die Produkte erst mal auf dem Markt sind, kümmert uns nicht. Mag es in der Vergangenheit so gewesen sein: Jetzt und in Zukunft wird es nicht mehr so sein. Unser Modell beruht auf einem sogenannten Öko-Effizienz-Kompaß (siehe Abbildung 6).

Der Öko-Effizienz-Kompaß

Dieser Kompaß hat sechs Dimensionen. Zur *Systemerweiterung*: Wir meinen damit die längere Lebensdauer von Produkten. Wir fragen uns, ob wir eine Multifunktionalität in Produkte einbauen können, ob Produkte also so verändert werden können, daß sie auch in einem Leasing-System, in einem Sharing-System, eingesetzt werden können. Viele Produkte, die gegenwärtig auf dem Markt sind, sind vielleicht gar nicht so designed, um für solche Modelle tauglich zu sein. Computer zum Beispiel haben eine lange technische Lebensdauer. Stetige Weiterentwicklungen machen sie jedoch zu Abfall, lange bevor sie auch nur einen Bruchteil ihrer Aufgaben erfüllt haben. Wichtig jedenfalls ist, wenn man die funktionelle Einheit beurteilen will, sowohl die effektive ökonomische als auch die technisch mögliche Lebensdauer zu betrachten.

Die zweite Dimension heißt *Revalorisation*. Wir haben diesen Begriff vor etwa vier Jahren bei DOW entwickelt. Er ist auch inzwischen in die Literatur eingegangen. Wir meinen damit Wertschöpfungs-Rückgewinnung aus Abfällen, aus gebrauchten Materialien usw. Revalorisation heißt letztlich *Wert-Wiedergewinnung*. Das kann bedeuten: Wiederverwendung, Rezyklierung zu Materialien, Rezyklierung zu Rohmaterialien oder auch Rezyklierung zu Energie durch Energierückgewinnung.

Die dritte Dimension heißt *Energieeffizienz*. Hohe Energieintensität geht oft Hand in Hand mit hoher Materialintensität. Auf unserem Kompaß betrachten wir den Energieverbrauch eines Produktes oder einer Dienstleistung, und zwar über den gesamten Lebenszyklus von der Rohmaterialgewinnung bis hin zur endgültigen Entsorgung.

Der Ökologische Rucksack

Erlauben Sie mir kurz einen Exkurs, um das zu erklären, was Professor Friedrich Schmidt-Bleek hier am Wuppertal Institut entwickelt hat und als *Ökologischen Rucksack* bezeichnet. Was heißt das? Jedes Produkt trägt einen ökologischen Rucksack, der durch eine Bewegung von unzähligen, berechenbaren Massen entsteht, die wir machen müssen, um dieses Produkt zu gewinnen. Und diese Bewegung, die sich aber in *Ökologischen Rucksäcken* quantifizieren läßt, ist in der Regel Abfall. Wenn sie also Sand und Kies betrachten, dann ergibt sich ein Verhältnis von 1 : 10, das heißt, 900 Kilogramm sind brauchbar, 100 Kilogramm sind Abfall. Weiter haben wir berechnet, daß auf einer Tonne Platin Rucksäcke von 350.000 Tonnen Abfall liegen. Sie können sich vorstellen, was passieren würde, wenn man diese externen Kosten in den Preis von Platin einbauen würde: Niemandem würde es mehr in den Sinn kommen, aus Platin Schmuck herzustellen, weil das unbezahlbar würde. Mit anderen Worten: Die Mengen an Wasser, Mineralien und Abfall, die über den gesamten Lebenszyklus verschoben werden, müssen berücksichtigt werden. Das verstehen wir als *Materialeffizienz*: unsere vierte Dimension.

Die fünfte Dimension ist die *Verminderung des Gesundheits- und Umweltrisiko-Potentials*. Sie schließt alle Aspekte der Umweltqualität und der menschlichen Gesundheit ein. Die menschlichen Gesundheitsrisiken beinhalten eine Anzahl von Indikatoren, die die direkte oder indirekte Beeinflussung betreffen. Daneben muß auch eine Anzahl von Umweltrisiken berücksichtigt werden.

Ressourcenschonung heißt die sechste Dimension. Wir meinen, daß die Natur uns nicht-erneuerbare Ressourcen beschert hat, von denen viele während weniger Generationen erschöpft sein werden. Nicht-erneuerbare Ressourcen sollen durch erneuerbare, also solche, die mindestens über viele Generationen vorhanden sein werden, ersetzt werden. Erneuerbare Ressourcen müssen allerdings mit nachhaltigen Methoden gewonnen werden.

Für diese sechs Dimensionen haben wir ein Bewertungssystem zugrunde gelegt: Wir haben uns vorgenommen, von 0 bis 5 zu bewerten. Wenn ich ein neues Produkt entwickeln möchte, um ein altes zu ersetzen, oder ein Produkt für eine ganz bestimmte Anwendung entwickeln möchte, dann schaue ich mir die Anwendung oder das Produkt, über das ich bereits verfüge, an, und gebe dem arbiträr eine Bewertung auf alle sechs Dimensionen von „zwei". Und das hat seinen Grund. Habe ich eine neue Produktidee, nehme ich sie nach diesen sechs Kriterien unter die Lupe, bewerte sie also, und kann mir dann eine Profil erstellen. Erreiche ich überall die 5, dann habe ich das Bestmögliche erreicht (siehe Abbildung 7).

Wie funktioniert der Weg zur Öko-Effizienz? (siehe Abbildung 8) Wenn wir uns die *Systemerweiterung* vornehmen, stellen wir zunächst bestimmte Fragen, ausgehend vom Basisprodukt und den zwei oder drei Optionen. Wir fragen zum Beispiel: Was ist die technische Lebensdauer oder was ist die effektive ökonomische Lebensdauer? Computer zum Beispiel kann man technisch 10 bis 15 Jahre verwenden. Ökonomisch gesehen ist er jedoch nach zwei Jahren uninteressant. Das wäre also ein Beispiel, bei dem die ökonomische Lebensdauer wesentlich kürzer ist als die technische. Auf der Abbildung 9 sehen Sie die Bewertungskriterien. Wenn sie zum Beispiel sich für „zwei" entscheiden, dann heißt das, daß es gleich bleibt. Um aber eine „fünf" zu erreichen, muß eine Systemerweiterung um mehr als 300 Prozent stattfinden, was dem Faktor 4 entspricht.

Daß ich heute hier vortrage, ist natürlich kein Zufall. Wir haben nämlich den Faktor 4, dokumentiert in dem Buch von Ernst Ulrich von Weizsäcker, längst in unsere Arbeit einfließen lassen. Faktor 4, so ist meine Devise, reicht zunächst einmal. Wenn ich mit dem Fak-

Ökoeffizienz Kompass

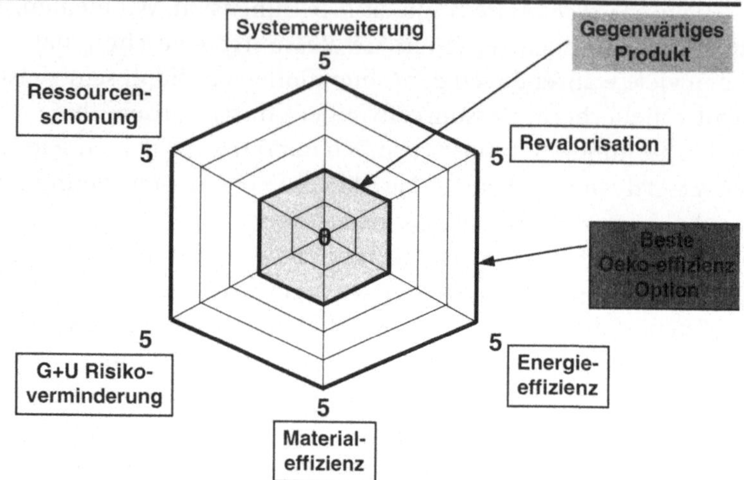

Abb. 7

Der Weg zu Ökoeffizienz

1. Systemerweiterung

	Basis Produkt	Option 1	Option 2	Option 3
Was ist die technische Lebensdauer ?				
Was ist die effektive ökonomische Lebensdauer ?				
Kann das Produkt mehrere Funktionen ausüben ?				
Welche ? Wieviele ?				
Wieviele Funktionen kann das Produkt während der ganzen Lebensdauer erfüllen ?				

Bewertung: Verglichen mit dem Basisprodukt, die Systemerweiterung der neuen Option....

0 = Nimmt um mehr als 50% ab (>Faktor 2)
1 = nimmt ab
2 = bleibt gleich
3 = erhöht sich
4 = erhöht sich um mehr als 100% (>Faktor 2)
5 = erhöht sich um mehr als 300% (>Faktor 4)

Abb. 8

Der Weg zu Ökoeffizienz

2. Revalorisation

	Rohmaterial Gewinnung	Primär Produktion	Verarbeitung Distribution	End-Verbrauch	Revalorisation & Entsorgung	Total Bewertung
Basis Produkt						
Option 1						
Option 2						
Option 3						

Bewertung: Die Abfallmenge, die nicht öko-effizient rezykliert wird ...

0 = erhöht sich um mehr als 100% (>Faktor 2)
1 = erhöht sich
2 = bleibt gleich
3 = erniedrigt sich
4 = erniedrigt sich um mehr als 50% (>Faktor 2)
5 = erniedrigt sich um mehr als 75% (>Faktor 4)

Abb. 9

Der Weg zu Ökoeffizienz

3. Energie-Effizienz

	Rohmaterial Gewinnung	Primär Produktion	Verarbeitung Distribution	End-Verbrauch	Revalorisation & Entsorgung	Total Bewertung
Basis Produkt						
Option 1						
Option 2						
Option 3						

Bewertung: Verglichen mit dem Basisprodukt, die Energieeffizienz.....

0 = nimmt um mehr als 100% ab (>Faktor 2)
1 = nimmt ab
2 = bleibt gleich
3 = nimmt zu
4 = nimmt um mehr als 50% zu (>Faktor 2)
5 = nimmt um mehr als 75% zu (>Faktor 4)

Abb. 10

Der Weg zu Ökoeffizienz

4. Reduktion von Materialeinsatz

	Rohmaterial Gewinnung	Primär Produktion	Verarbeitung Distribution	End-Verbrauch	Revalorisation & Entsorgung	Total Bewertung
Basis Produkt						
Option 1						
Option 2						
Option 3						

Bewertung: Verglichen mit dem Basisprodukt, der Materialeinsatz ..

0 = erhöht sich um mehr als 100% (>Faktor 2)
1 = erhöht sich
2 = bleibt gleich
3 = erniedrigt sich
4 = erniedrigt sich um mehr als 50% (>Faktor 2)
5 = erniedrigt sich um mehr als 75% (>Faktor 4)

Abb. 11

Der Weg zu Ökoeffizienz

5. G&U Risiko Potential

	Rohmaterial Gewinnung	Primär Produktion	Verarbeitung Distribution	End-Verbrauch	Revalorisation & Entsorgung	Total Bewertung
AHT						
CTM						
PTB						
EAOS						
A&I						
AR						
ECT						
ECA						
ODP						
GWP						
AP						
NP						

Bewertung: Verglichen mit dem Basisprodukt, das Gesundheits- und Umweltrisiko...

0 = erhöht sich um mehr als 100% (>Faktor 2)
1 = erhöht sich
2 = bleibt gleich
3 = erniedrigt sich
4 = erniedrigt sich um mehr als 50% (>Faktor 2)
5 = erniedrigt sich um mehr als 75% (>Faktor 4)

Abb. 12

Der Weg zu Ökoeffizienz

5. G&U Risiko Potential

Erklärungen zu den verschiedenen Risiko Potentialen:

A. Gesundheits-Risiken	Akute Humantoxizität	=	AHT
	Carzinogene, Teratogene & Mutagene	=	CTM
	Persistente, toxische und bio-akkumulative Substanzen	=	PTB
	Emissionen organischer Substanzen in die Atmosphäre	=	EAOS
	Substanzen, die Allergien oder Irritationen auslösen	=	A&I
	Unfallrisiken	=	AR
B. Umwelt-Risiken	Ecotoxizität im Boden	=	ECT
	Ecotoxizität im Wasser	=	ECA
	Ozonschicht abbauende Substanzen	=	ODP
	Substanzen mit globalem Erwärmungspotential	=	GWP
	Azidificationspotential	=	AP
	Nutrificationspotential	=	NP

Abb. 13

Der Weg zu Ökoeffizienz

6. Ressourcen-schonung

	Rohmaterial Gewinnung	Primär Produktion	Verarbeitung Verteilung	End-Verbrauch	Revalorisation & Entsorgung	Total Bewertung
Basis Produkt						
Option 1						
Option 2						
Option 3						

Bewertung: Der Verbrauch seltener oder nicht-erneuerbarer Ressourcen ...

0 = erhöht sich um mehr als 100% (>Faktor 2)
1 = erhöht sich
2 = bleibt gleich
3 = erniedrigt sich
4 = erniedrigt sich um mehr als 50% (>Faktor 2)
5 = erniedrigt sich um mehr als 75% (>Faktor 4)

Abb. 14

tor 10 bei unseren Geschäftsleuten aufkreuze, schockiere ich sie. Also: Laßt uns zunächst mal Faktor 4 erreichen und uns zu Beginn nicht überfordern.

Die Fragen, die ich hier zu Anfang genannt habe, beziehen sich auf den gesamten Lebenszyklus und erfassen alle von mir genannten sechs Dimensionen – dokumentiert auf den Abbildungen 8 bis 14. Wir schauen uns jeweils die neuen Optionen an, bewerten sie nach dem von mir dargestellten Muster, und kommen immer wieder auf den Faktor 4 hinaus. Die Gesamtbetrachtung haben wir auf einer typischen Matrix dokumentiert (Abbildung 15). Sie können sie an dem *Wertschöpfungsindex* aufreihen oder an der *Wettbewerbsbeständigkeit*. Wobei ich zugeben muß, daß Wertschöpfung je nach Unternehmensart anders definiert ist. Wenn Sie Ihren Blick auf die rechte obere Ecke richten, sehen Sie sogenannte *Brand-Produkte*, also Produkte, die auf dem Markt sehr gut etabliert sind, nicht leicht verdrängt werden können und natürlich hohe Wertschöpfung bieten. In dem Feld daneben sehen Sie *Spezialitäten*, die ebenfalls eine hohe Wertschöpfung bieten, aber nicht sicher vor den Wettbewerbern sind. Das zur ökonomischen Seite. Ich habe vorher ausgeführt, daß uns das aber nicht mehr genügt und wir diese ökonomische Seite mit der ökologischen sozusagen „überlagern" müssen. Auch links sehen Sie wieder zwei Achsen: auf der einen tragen wir den Wertschöpfungsindex ein, auf der anderen den Öko-Fitneß-Index. Wenn Sie sich jetzt unsere Abbildungen 6 und 7 in Erinnerung rufen, mit den sechs Dimensionen, dann kommen Sie insgesamt auf 30 – also 6 x 5 – Punkte. Zur Begriffssprache: Ökofit ist ein Produkt, das „grün" ist, ökoeffizient, wenn es sowohl ökologisch als auch ökonomisch gut ist. Mit anderen Worten: Ich erreiche auch Wertschöpfung.

Jetzt wollen wir uns mit hypothetischen Fällen beschäftigen (Abbildung 16). Nehmen Sie das Neuschöpfungsprodukt Nummer 1. Wenn Sie die beiden Matrizes vergleichen, dann sehen Sie, daß das Neuprodukt 1 unter dem Aspekt *Wettbewerbsbeständigkeit* ganz gut plaziert ist, aber unter dem Aspekt *Öko-Fitneß* weniger. Wohin soll ich also meine Ressourcen stecken, damit es nachhaltige Beständigkeit hat? Neuprodukt Nr. 2 sieht auch unter dem Aspekt *Wettbewerbsbeständigkeit* gut aus, nicht aber unter dem ökologischen

Der Weg zu Ökoeffizienz

Gesamtbetrachtung

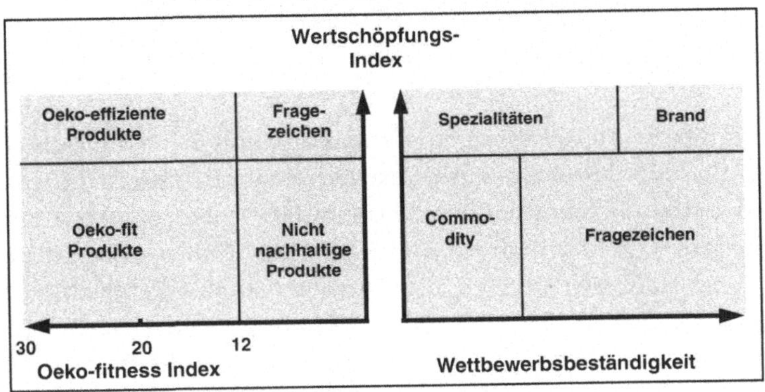

Abb. 15

Der Weg zu Ökoeffizienz

Gesamtbetrachtung
Vergleich zwischen 3 Neuprodukt-Möglichkeiten

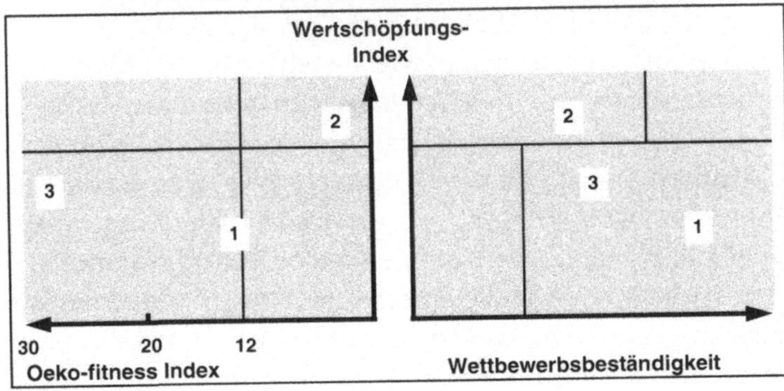

Abb. 16

Aspekt. Also die Konsequenz: Keine Investitionen. Die Option Nr. 3 wird, das zeigt die Abbildung 16, meine Wahl, um entsprechende Investitionen zu leisten.

Der Weg zur Praxis

Wie können wir das Ganze in der Praxis anwenden? Wir haben versucht, dieses Modell auf die Konstruktion von Häusern im Elsaß anzuwenden (siehe Abbildung 17) und diese sogenannten Azurel-Häuser mit Backsteinhäusern und Holzrahmenhäusern verglichen. Alle diese Häuser haben ca. 100 Quadratmeter Wohnfläche, sind zweistöckig, haben keinen Keller und verfügen über Gasheizung. Für alle Häuser haben wir eine Lebensdauer von 50 Jahren angenommen, verschiedene Kategorien miteinander verglichen und dabei festgestellt, daß wir zum Beispiel weniger Material einsetzen müssen, aber auch mehr Energie. Das hängt damit zusammen, daß wir einen relativ hohen Energie-Input haben – zum Beispiel bei der Herstellung des Materials. Für die Ressourcenschonung sehen Sie den Unterschied, und beim Abfall werden die echten Vorteile sehr deutlich. Alles, was ich Ihnen hier zeige, ist nach dem Modell der *Ökologischen Rucksäcke* von Friedrich Schmidt-Bleek gerechnet. Wie sehen die Ergebnisse aus, wenn ich die Fakten in den Öko-Fitneß-Kompaß eingliedere? (Abbildung 18) Bei der *Revalorisation* haben wir den Faktor 4 überschritten, wie Sie sehen, bei der *Energieeffizienz* liegen wir nicht so gut. Auch die *Ressourcenschonung* ist nicht besonders. Deswegen realisieren wir gegenwärtig ein Projekt, bei dem wir aus nachwachsenden Rohstoffen Platten fabrizieren, um daraus eine größere Ressourcenschonung zu erreichen. Allerdings haben wir feststellen müssen, daß wir zum Beispiel bei einer bestimmten Sorte von nachwachsenden Pflanzen sehr viel Wasser brauchen, so daß wir gezwungen waren, das Projekt noch einmal umzusteuern.

Wenn Sie sich nun schlußendlich für zwei oder drei Produktoptionen entschieden haben, die aus ökologischem Blickwinkel als gleichwertig betrachtet werden könnten, dann betrachten wir darüber hinaus zusätzliche Dimensionen: zum Beispiel die soziale

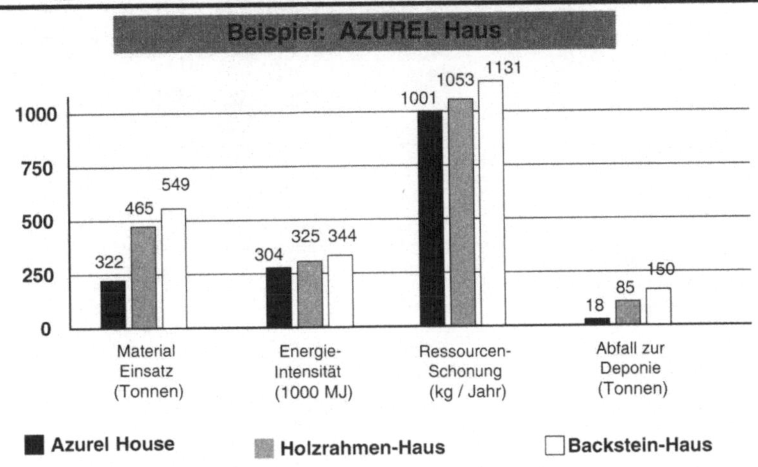

Der Weg zu Ökoeffizienz
Beispiel: AZUREL Haus
1000
750
500
250
0
322
465
549
304
325 344
1001
1053
1131
18
85
150
Material Einsatz (Tonnen)
Energie-Intensität (1000 MJ)
Ressourcen-Schonung (kg / Jahr)
Abfall zur Deponie (Tonnen)
Azurel House
Holzrahmen-Haus
Backstein-Haus

Abb. 17

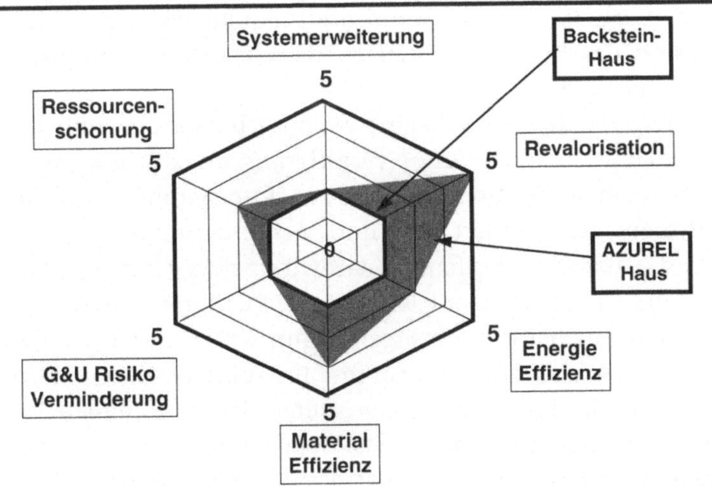

Ökofitness-Kompass
Systemerweiterung
5
Backstein-Haus
Ressourcen-schonung
5
Revalorisation
5
0
AZUREL Haus
5
G&U Risiko Verminderung
5
Energie Effizienz
5
Material Effizienz

Abb. 18

Der Weg zu Ökoeffizienz

Die Soziale Dimension - Wieviele Arbeitsplätze werden durch die Option geschaffen ?

	Rohmaterial Gewinnung	Primär Produktion	Verarbeitung Verteilung	End-Verbrauch	Revalorisation & Entsorgung	Total Bewertung
Arbeitsintensität						
Basis Produkt						
Option 1						
Option 2						
Option 3						
Arbeitsplatzsicherheit						
Basis Produkt						
Option 1						
Option 2						
Option 3						

Bewertung: Verglichen mit dem Basisprodukt, die Arbeitsintensität oder Arbeitsplatzsicherheit ....

0 = erniedrigt sich um mehr als 75 % (Faktor 4)
1 = erniedrigt sich bis zu 50% (Faktor 2)
2 = bleibt gleich
3 = erhöht sich bis zu 100% (Faktor 2)
4 = erhöht sich bis zu 300% (Faktor 4)
5 = erhöht sich bis zu 900% (Faktor 10)

Abb. 19

Dimension (siehe Abbildung 19). Wobei wir uns fragen, wieviel Arbeitsplätze wir zum Beispiel mit diesen neuen Optionen schaffen können. Logisch, daß wir, wenn die Produkte ökologisch gleichwertig sind, das Produkt bevorzugen, das uns mehr Arbeitsplätze zu schaffen verspricht.

Wenn ich zu dem zurückkehre, womit ich meine Ausführungen begonnen habe, nämlich zur *Überbevölkerung*, und das in Korrelation stelle zu dem Re-Engineering in den Unternehmen – wodurch immer mehr rationalisiert wird und Menschen ihren Arbeitsplatz verlieren –, dann wird offenbar, daß wir zwei gegenläufige Trends haben, und daß die Industrie, die in diese Richtung geht, sich selbst in den Schwanz beißt. Denn irgendwann wird sich eine Situation ergeben, in der die Industrie zwar ihre Produkte verkaufen möchte, die aber, die die Produkte kaufen sollten, längst in einem Wohlfahrtssystem gelandet sind, Arbeitslosengeld beziehen und deshalb nicht mehr die Mittel haben, um die Produkte zu kaufen. Diese Problematik ähnelt der, die Herr Scherhorn mit „Ende des fordistischen Systems" beschrieben hat. Deshalb haben wir uns entschlossen, die soziale Dimension in unserer Matrix zusätzlich mit zu berücksichtigen.

Die Arbeit am Modell

Wir haben zunächst damit begonnen, das Modell intern in unseren 15 verschiedenen Geschäftsbereichen einzusetzen. Und ich gestehe offen, daß das nicht alles so glatt läuft, wie wir es uns gewünscht haben. Die Widerstände kommen von unseren eigenen Mitarbeitern. Darüber hinaus haben wir entschieden, dies alles, was ich Ihnen modellartig vorgetragen habe, nach außen zu tragen. So wie wir eben heute der Einladung von Professor Schmidt-Bleek gefolgt sind, unsere Arbeit hier im Wuppertal Institut anläßlich dieses Workshops vorzustellen. Wir hoffen weiter, daß wir dadurch, daß wir das nach außen tragen, einen Druck erzeugen, der auch auf unsere Mitarbeiter im Unternehmen wirkt. Nur wenn die Mitarbeiter diesen Druck spüren und merken, daß sich der Wettbewerb damit auseinandersetzt, werden sie hellhörig. Mit anderen Worten: Wir öffnen sozusagen die Türen in unsere Geschäftsbereiche von außen.

Der dritte Weg ist, dieses Modell bei der Beratung von Kunden einzusetzen, sie in Workshops damit zu konfrontieren. Verweigert er sich, hat es keinen Sinn, damit zu beginnen. Nimmt er die Herausforderung an und erklärt sich bereit, ein bestehendes Produkt zu verbessern, dann beginnen wir mit einem Workshop.

Der erste Schritt ist ein Brainstorming, in dem die ca. 50 Ideen entwickelt werden. Dann werden die Ideen bewertet – Wertschöpfung „ja" oder „nein" – und in den Kompaß eingesetzt. Man vergleicht dann das neue Konzept, inwieweit es besser ist als das gegenwärtige Produkt.

Die Teilnehmer an diesem Workshop müssen Verständnis für Produktdesign haben und natürlich auch für das Marketing. Dann beginnen wir, die besten Ideen herauszuziehen, wozu jeder Teilnehmer in der Gruppe herausgefordert wird. Dann werden praktisch alle sechs Dimensionen durchgearbeitet, auf dem Kompaß plaziert und mit Hilfe der Matrix beurteilt.

Schlußendlich haben Sie ein Ergebnis, das Ihnen direkt ins Auge springt und zeigt, welches die besten Projekte sind. Dann folgt die Detail-*Evaluationsphase*.

Zusammenfassend kann man sagen, daß die Entwicklung öko-effizienter Produkte und Herstellungsverfahren ein langfristiges Unterfangen ist, auf geschäftsstrategischer Ebene beginnen muß, um dann in die Forschungs- und Entwicklungsabteilung einzufließen. Letztlich geht es darum, daß wir Ideen in Produkte umsetzen, die ökologisch wirklich tragbar sind.

Manfred Wirth, Hartmut Happich, Karl Fordemann

Diskussion:

Schmidt-Bleek: Ich könnte mir vorstellen, daß Sie schon den einen oder anderen Lieferanten dazu bringen, bei Rohmaterialien Einsparungen um den Faktor 2 zu erreichen. Und wenn Sie dann im „Endbereich", im Sektor „Soziales" zum Beispiel, weiter Effizienzverbesserungen erreichen, dann würde dies eine Systemveränderung bedeuten, die in die richtige Richtung weist.

Bornemann: Ich würde gern wissen, Herr Wirth, ob auch die deutschen großchemischen Unternehmen sich mit den Ideen beschäftigen, die Sie gerade vorgetragen haben?

Wirth: Ich könnte es mir vorstellen, weiß es aber nicht sicher. Die Firma Ciba Geigy in der Schweiz denkt allerdings in diese Richtung. Sicher ist auch, daß das System, was wir bei DOW entwickelt haben, vor allem bei amerikanischen und kanadischen Firmen großes Interesse gefunden hat. So wurde ich zum Beispiel eingeladen, unser System bei Monsanto vorzustellen. Mit anderen

Worten: das Modell kommt an, obwohl wir wissen, daß es noch nicht absolut ausgereift ist. Eine Schwäche besteht zum Beispiel darin – und da kann ich ganz offen drüber reden –, daß wir die sechs Dimensionen gleich gewichten. Wir sind uns aber auch bewußt, daß, würden wir die etablierte Wissenschaft fragen, wie wir das gewichten sollen, 30 Jahre vergehen würden. Deshalb haben wir uns gesagt: Wir gehen ganz pragmatisch vor, Verbesserungen kommen dann, wenn wir mehr Erfahrung damit gewonnen haben.

Ax: Herr Wirth, Sie haben uns sehr eindrucksvoll beschrieben, wie Sie zur besten Idee kommen. Begleiten Sie auch den Prozeß von der Entwicklung bis zum Markt? Ich könnte mir vorstellen, daß das ein langer Weg ist und daß bei der Feinarbeit es durchaus Abweichungen geben kann, bis sie zu dem gelangen, was Sie am Anfang die beste Idee genannt haben.

Sie haben uns weiterhin gesagt, daß die Überzeugung der Mitarbeiter im eigenen Unternehmen Knochenarbeit sei und daß sie deshalb ständig nach neuen Wegen suchten, Ihre Ideen im Unternehmen entsprechend zu etablieren. Ein Weg könnte darin bestehen, von außen einen Prozeß zu organisieren, der in das Unternehmen hinein wirkt. Haben Sie mit dieser Vorgehensweise bereits Erfahrungen?

Wirth: Wir haben mit einem Großkunden der elektronischen Industrie in einem Workshop dieses System durchgezogen. Daraus resultiert ein Entwicklungsprojekt, das jetzt in Zusammenarbeit mit uns vorangetrieben wird. Die Mitarbeiter des involvierten Geschäftsbereichs sind alle hell begeistert. Inzwischen gibt es eine weitere Anfrage eines Kunden nach einem Workshop. In einem halben Jahr werden uns die Türen eingerannt. Dann geht es erst richtig los. Doch bei allem Optimismus: Intern Prozesse in Gang zu bringen, ist immer noch sehr harzig.

Rabelt: Was mir sehr gut an Ihrem System gefallen hat, ist die Kundeneinbindung und der Vorsatz, alles über Workshops zu vermitteln. Wir haben meiner Meinung nach auf der anderen Seite noch einen großen Forschungsbedarf, wie man zum Beispiel die Erfahrung, die Produzenten mit ökologischen Produkten sammeln, auf die Verbraucher übertragen und sie in die Umsetzungsprozesse einbinden kann. Wie ist es andererseits Ihrer Meinung nach möglich, die Erfahrungen der Verbraucher sozusagen rückzukoppeln in den Bereich der Produzenten? In der Alltagspraxis geschieht dies kaum, weil selten Kontakte zwischen Herstellern und Konsumenten bestehen. Und deswegen scheint mir gerade Ihre Methode weiter entwicklungswürdig und ganz spannend, sie auch für andere Bereiche einzusetzen.

Wirth: Wir sind bekanntlich in erster Linie Zulieferer für weiterverarbeitende Industrien. Unsere Kunden sind nicht Normalverbraucher, sozusagen der Mann auf der Straße, sondern Industriebetriebe, mit denen man solche Projekte eher realisieren kann.

Deutsch: Wenn das Konzept der Dematerialisierung Erfolg hat, befürchten Sie dann als Grundstoffproduzent nicht Produktionsrückgänge? Und wie gehen Sie mit diesem Problem um?

Wirth: Das ist natürlich ein Dilemma, vor dem wir uns auch nicht verschließen können. Herr Huncke hat vorhin das Thema Lösungsmittelkreislauf angesprochen, weil dies hier im Wuppertal Institut oft diskutiert wird. Wir haben in Deutschland kleine Unternehmen gegründet, die Lösungsmittel von kleinverarbeitenden Betrieben – das haben wir inzwischen auch auf chemische Reinigungsbetriebe erweitert – zurücknehmen. Die Unternehmen nehmen nicht nur die Lösungsmittel zurück – das würde das Problem noch nicht lösen, denn viele metallverarbeitende Betriebe arbeiten mit diesen Lösungsmitteln sehr umweltschädlich, zum Beispiel in offenen Bädern – sondern haben begonnen, mit Maschinenherstellern zusammenzuarbeiten, die solche geschlossenen Lösemittel-Bäder herstellen, so daß schlußendlich das Ganze als geschlossenes System anzusehen ist. Inzwischen liefern wir das Lösemittel in doppelwandigen Behältern mit den nötigen Kupplungen, die dann in die Entfettungsanlagen eingespeist werden. Und dieselben Gebinde werden dann wieder verwendet zur Rücknahme der verbrauchten Lösemittel, die wieder in den kleinen Unternehmen landen. Dort werden sie destilliert und können wieder auf den Markt zurückgeführt werden. Der „Dreck" – Späne und Fette – wird in unserer Verbrennungsanlage in Stade, die mit 66 Prozent Energierückgewinnung läuft, entsorgt.

Sie haben gefragt, Herr Deutsch, wie sich das mit unseren Geschäftsinteressen deckt? Dieser Dienst am Kunden ist natürlich

Presse

gestartet. Nach folgender Überlegung: General Motors, ihr seid die Spezialisten im Automobilbau und wir, DOW sind die Spezialisten in der Chemie. Warum sollte es für euch nicht rationeller sein, durch uns den ganzen Chemikalieneinsatz managen zu lassen nach dem Motto: Wir bringen die Chemikalien, wenden sie an, nehmen sie verschmutzt zurück und bereiten sie wieder auf. Diese Modelle werden in Zukunft Realität, im Augenblick sind sie noch Versuch.

Deutsch: Oberflächlich betrachtet muß man den Eindruck haben, daß die chemische Industrie in Deutschland – Herr Bornemann fragte danach – große Angst davor hat, weil das Thema Arbeitslosigkeit, beispielsweise in der Region Ludwigshafen, heiß diskutiert wird. Welchen Umfang könnte Ihrer Meinung nach dieses Leasing-Konzept, was Sie als Pilotprojekt für Amerika vorgestellt haben, in Zukunft haben? Besteht nicht die Gefahr, daß, wenn die Konzepte greifen, Strukturveränderungen auf uns zukommen, die nicht bewältigbar sind?

Wirth: Gute Frage. Noch wissen wir zu wenig darüber, noch sind unsere Erfahrungen nicht weit genug. Ob die sozialen Veränderungen, von denen Sie gesprochen haben, Herr Deutsch, in entsprechender Größe auf uns zukommen werden, können wir noch nicht überschauen. Der Rahmen ist noch zu klein, um daraus Ableitungen zu treffen. Sicherlich werden sich die Firmenstrukturen ändern, wenn dies alles mal entsprechend greifen wird und dazu führen, daß sich in Zukunft große Firmen viel stärker auf Dienstleistungen verlegen werden. Nach dem Motto: weg von der reinen Produkt- und Wegwerfgesellschaft.

Brübach: Es gibt in Düsseldorf die Chemikalienfirma Dr. Lange, die sich dieses Leasing-Prinzip zu eigen gemacht hat: sie nimmt die Chemikalien nach Gebrauch wieder zurück und läßt sie dann von einem von ihr gegründeten Umweltzentrum aufarbeiten. Motiviert hat das Unternehmen zunächst der Gedanke an die Produktverantwortung im Sinne des Kreislaufwirtschaftsgesetzes Zum anderen war der Service von Wichtigkeit, nämlich Kunden Chemikalien nicht zum Besitzen zu überlassen, sondern nur zum Gebrauch, um sie dann wieder zurückzunehmen. Mit anderen Worten: Auch hier steht das Prinzip *Dienstleistung* im Mittelpunkt der Geschäftsbeziehung zwischen Firma und Kunden.

Karl Fordemann, Ursula Tischner

Fordemann: Ich habe mit dem Begriff Wertschöpfungsindex meine Probleme. Vielleicht könnten sie noch mal erläutern, wie sie ihn ermitteln.

Wirth: In unserer *Vorabschätzung* ist natürlich die Wertschöpfungsdefinition relativ ungenau. Eine Präzisierung kommt erst in der weiteren Entwicklung des Prozesses hinzu. Wertschöpfung kann man natürlich an verschiedenen Kriterien messen. Viele sprechen von Economic Profit – und das ist auch für uns die wichtigste Kenngröße. Economic Profit basiert auf folgender Überlegung: Wir brauchen eine höhere Wertschöpfung als uns die Zinsen für das Kapital kosten.

Waginger: Wenn man den Workshop beim Kunden vorstellt, wie Sie ihn beschrieben haben, Herr Wirth, hat man das Gefühl: Man hat es verstanden. Normalerweise würde man einen Workshop mit einer Analyse des Kunden beginnen. Haben Sie *vorab* den Kunden schon analysiert oder beginnen Sie mit der Zustandsanalyse?

Wirth: Sie haben recht darauf hinzuweisen. Natürlich beginnt unser Workshop nach einer Zustandsanalyse in einem Vorgespräch beim Kunden. Wir tragen dabei unser gesamtes Ökoeffizienzmodell dem Teilnehmerkreis, der wahrscheinlich von der Firma auch zur Teilnahme am Workshop ausgewählt werden wird, vor. Wir führen von Anfang an die gesamte Methode den einzelnen Mitarbeitern vor Augen. Und dann legen wir gemeinsam fest, welches Produkt oder was auch immer wir unter die Lupe nehmen wollen. Selbstverständlich kann man nicht mit einem Mal ein ganzes Unternehmen in den Blickwinkel nehmen, sondern nur gezielt bestimmte Produktbereiche oder Aspekte betrachten. Und dieser Rahmen wird im Gespräch mit dem Unternehmen festgelegt. Dabei ist es notwendig, daß die voraussichtlichen Teilnehmer der Firma in der Vorarbeit etwas dazu beitragen, zum Beispiel die Life-cycle-analasys-Daten oder zumindest Abschätzungen studieren, die einigermaßen an die Realität herankommen. Diese Vorgespräche finden ein bis zwei Monate vor dem eigentlichen Workshop, der zwei Tage intensiv dauert, statt. Sie haben auf den Graphiken vorhin die ökologischen Rucksäcke, die hier in der Abteilung von Schmidt-Bleek erarbeitet wurden, gesehen. Jetzt gerade ist ein Studententeam bei uns damit beschäftigt, die ganzen Rucksäcke für unsere Plastikmaterialien und wichtigsten Chemikalien auszurechnen.

Waginger: Denken Sie daran, diese Daten zu veröffentlichen?

Wirth: Sie werden natürlich hauptsächlich bei unseren Workshops verwendet. Veröffentlichen? Das werden wir noch sehen.

Menke-Glückert: Die MIGROS in der Schweiz hat vor zehn Jahren auf dem Sektor Verpackung ähnliche Anstrengungen gemacht. Haben Sie vor, in ähnlicher Weise das methodische Gerüst der Kenndaten mal in ein Computer-Programm zu bringen, um es als Dienstleistung kommerziell zu verkaufen, wie es die MIGROS in Zürich gemacht hat?

Wirth: Wir haben nicht im Sinn, diese Daten als Marketing-Instrument einzusetzen, also unsere Produkte sozusagen mit Öko-Punkten auf den Markt zu bringen, weil unsere Produkte – ich sagte es schon – nicht auf den breiten Markt gehen, sondern an Industrieunternehmen.

Menke-Glückert: Mir geht es um den methodischen Ansatz, Herr Wirth. Ich glaube, daß viele Firmen genau das brauchten, was Sie uns hier vorgestellt haben, um damit die Kuh vom Eis zu bekommen. Da könnte ein so klarer, durchdachter Ansatz, wie Sie ihn hier vorgeführt haben, einfach hilfreich sein. Wenn schon vieles davon als Buch erscheint, warum dann nicht computerisiert?

Wirth: Im Augenblick nicht. Vielleicht später.

Bornemann: Wo im Unternehmen sind sie aufgehängt? Ich möchte einfach wissen, welche Chancen Sie haben, solche neuen Konzepte durchzusetzen?

Wirth: Das oberste Management steht voll dahinter, da gibt es wenig Probleme. Die liegen vielmehr beim Mittelmanagement und bei den Geschäftsbereichsleitern, denn die haben noch immer ein viel zu kurzfristiges „Shareholder value"-Denken.

Hans-Hermann Braess

Hans-Hermann Braess

Gedanken zur Systematik der Anforderungen an künftige Automobile

1. Einleitung

Zu Beginn des Automobilzeitalters war man schon zufrieden, wenn man sein Ziel überhaupt erreichen konnte (Bild 1) (alle Bilder siehe Anhang). Doch Automobiltechnik und Straßenbau schritten rasch voran. So entstand schon in den 50er Jahren der Eindruck, daß Oberklassefahrzeuge schon weitgehend ausgereift seien (Bild 2, linker Teil). Dennoch konnten in den letzten 40 Jahren auf allen Gebieten weitere, meist beachtliche Verbesserungen erzielt werden (Bild 2, rechter Teil).

Einige Gebiete, wie zum Beispiel Abgasreinigung, Insassenschutz oder Navigationssysteme wurden erst in den letzten Jahrzehnten erschlossen, nicht zuletzt durch den systematischen Einsatz elektronischer Systeme. Wichtige Triebfeder aller Entwicklungen war und ist die laufende Zunahme aller Anforderungen, und zwar in quantitativer und qualitativer Hinsicht (Bild 3).

Bild 4 zeigt an vier Beispielen den bei Neufahrzeugen auf allen Gebieten erreichten Fortschritt auf, der jedoch zum Teil, wie zum Beispiel beim Kraftstoffverbrauch, durch die Zunahme an Fahrzeugen und Fahrleistungen kompensiert wurde. Dies ist mit ein Grund dafür, daß heute und morgen die Ansprüche an Automobile weiter steigen. Damit werden auch die vielfältigen Zielkonflikte immer gravierender.

Aufgrund der Komplexität der Gesamtthematik werden häufig in öffentlichen Diskussionen, aber auch in Fachgremien, einzelne Anforderungsbereiche herausgegriffen, eindimensional bewertet und mit sehr anspruchsvollen Symbolzielen versehen.

Beispiele betreffen das Null-Emissions-Auto von Kalifornien[1], das 3-Liter-Auto in Deutschland[2,3] oder das Sicherheitsauto am Anfang der siebziger Jahre[4].

Mögen solche Teilziele für sich genommen noch so verständlich sein, darf dennoch nicht vergessen werden, daß ein sehr leises Auto auch sicher, sparsam sein muß, und daß ein recyclingfreundliches Auto nicht nur für den Recyclingprozeß konstruiert werden darf.

Es ist daher Aufgabe des vorliegenden Beitrages aufzuzeigen, welche Aspekte bei der simultanen Erfüllung aller Anforderungen zu berücksichtigen sind.

2. Das Automobil im Spannungsfeld unterschiedlicher Anforderungen

Im Gegensatz zu früheren Jahrzehnten, in denen Automobile „nur" die Anforderungen des Kunden beziehungsweise Nutzers, der Gesetzgeber sowie des Herstellers zu erfüllen hatten, sind heute vier unterschiedliche, gekoppelte Kategorien zu erfüllen, nämlich

- Kunde, Nutzer, Märkte
- Gesamtverkehr
- Gesellschaft
- Industrie, Wirtschaft.

Zum Gesamtverkehr gehören insbesondere

- Fließender und ruhender Verkehr
- Informatorische und physische Vernetzung des Straßenverkehrs mit anderen Verkehrsträgern.

Sicherheit und Umweltschutz gehören auch zu den menschlich-gesellschaftlichen Anforderungen, die zusätzlich weitere Ziele, wie zum Beispiel Sicherung der globalen Lebensfähigkeit (Ressourcenschonung, Klimaschutz usw., als „sustainable development" zu bezeichnen) enthalten.

Langfristig tragfähige Entwicklung erfordert die Berücksichtigung aller ökonomischen Faktoren, sowohl des Verkehrs selbst, als auch der zugehörigen Wirtschaft mit allen Wertschöpfungsketten von den Rohstoffen und Primärenergien über Halbzeuge, Zulieferumfänge und Nutzenergien bis zu den Verkehrsmitteln und Infrastrukturen.

In Bild 5 ist dargestellt, wie die genannten vier Kategorien mit den fahrzeugtechnischen Anforderungen verknüpft sind. Bild 6 zeigt darüber hinaus, daß es, unabhängig von den konkreten Zielwerten und den zugehörigen Lösungskonzepten, grundsätzliche Zielkonflikte gibt, wie folgende Beispiele zeigen:

- Viele Anforderungen der Kunden, des Verkehrs, der Gesetzgeber und damit der Gesellschaft führen zu mehr Funktionen, mehr Bauteilen und damit zu Mehrgewicht und erhöhtem Ressourcenaufwand.
- Eine Verbesserung des Insassenschutzes schwerer Fahrzeuge führt durchweg zu einer Verringerung des Partnerschutzes leichterer Fahrzeuge.
- Einsatz von neuen Systemen und Bauteilen führt grundsätzlich zu erhöhter Ausfallwahrscheinlichkeit.
- Zusätzliche Systeme und Bauteile führen immer zu Mehrkosten.

Bei Aggregaten und Bauteilen gibt es ebenfalls eine unübersehbare Zahl von Zielkonflikten; einige wenige Beispiele betreffen:

- Erhöhte NO_x-Emissionen bei Erhöhung des thermischen Wirkungsgrades von Verbrennungskraftmaschinen.
- Verringerung des Wärmeangebotes für die Heizung bei Erhöhung des Motorwirkungsgrades.
- Ungünstiges Nässeverhalten leiser Reifenprofile.
- Blendung des Gegenverkehrs bei Scheinwerfern großer Reichweite.

Damit dürfte verständlich sein, daß eine Überbetonung einzelner Ziele wenig hilfreich ist. Vielmehr besteht die Aufgabe

- anspruchsvolle, aber realisierbare Ziele zu setzen;
- alle Ziele gemeinsam und unter Berücksichtigung aller, auch über die rein fahrzeugtechnischen Aspekte hinausgehenden Zielkonflikte (Bild 7) verträglicher zu formulieren.

Dabei müssen unbedingt die Einsatz- und Betriebsbedingungen der Fahrzeuge unter erschwerten Bedingungen, wie zum Beispiel bei Hitze, Kälte, im Gebirge oder bei hoher Zuladung auf sehr schlechten Straßen berücksichtigt werden, auch wenn solche Situationen nicht oft auftreten. Hinzu kommt, daß Autofahrer mit der Technik ihrer Fahrzeuge meist nicht näher vertraut sind, und deshalb – meist unbewußt – ihre Fahrzeuge bis in Mißbrauchbereiche hinein behandeln[5].

3. Grundsätzliches zur Formulierung und Quantifizierung von Zielsystemen

Verkehrsmittel haben die Aufgabe, Menschen und Güter von A nach B zu befördern. Hierzu ist im allgemeinen Fall eine Transportkette unterschiedlicher Verkehrsmittel notwendig beziehungsweise geeignet.

Im vorliegenden Fall soll jedoch eine Beschränkung auf den Bereich klassischer Personenwagen und deren Einsatzmöglichkeiten im Straßenverkehr einschließlich dessen Vernetzungsfreundlichkeit mit anderen Verkehrsträgern erfolgen; das führt auf die in Bild 5 dargestellten fahrzeugtechnischen Oberziele.

In den Bildern 8 und 9 sind wichtige Grundsätze zur Formulierung von Zielsystemen und zur Fixierung konkreter Zielwerte zusammengefaßt.

Es wird deutlich, daß es gar nicht so einfach ist, ein wirklich fundiertes Zielsystem aufzustellen, das alle Aspekte umfassend und angemessen berücksichtigt.

Ein wichtiger Teilaspekt betrifft die Erfassung künftiger Kundenwünsche und Marktanforderungen in allen Exportländern[6].

Die Strukturen von Zielsystemen reichen von einer unbewerteten Summierung von Einzelzielen bis zu deren vollständigen und systematischen Behandlung. Es können 4 Stufen unterschieden werden:

Stufe 1: Rein sektorale, unbewertete Betrachtung von Einzelzielen, eher wunschorientierte Festlegung konkreter Zielwerte

Stufe 2: Vorwiegend sektorale, jedoch vorwiegend faktenorientierte Festlegung von Einzelzielen

Stufe 3: Übergreifende Behandlung der Einzelziele, unter Berücksichtigung von Querabhängigkeiten und Zielkonflikten

Stufe 4: Umfassende Behandlung aller (meist gekoppelten) Einzelziele, unter Berücksichtigung aller Querabhängigkeiten, Zielkonflikte, Realisierbarkeiten und Nutzen-Kosten-Abhängigkeiten.

Die vollständige und systematische Erstellung eines Zielsystems setzt die Kenntnis der Abhängigkeiten aller Anforderungen von den Realisierungsmöglichkeiten voraus (vereinfachte Darstellung in Bild 10), oder anders ausgedrückt, die Balance zwischen dem Wünschbaren und dem technisch-wirtschaftlich Machbaren.

Je präziser die Abhängigkeiten bekannt sind, um so genauer können konkrete Zielwerte bestimmt werden.

Für den Zusammenhang von Fahrzeugeigenschaften und Fahrzeugkonstruktion stehen hierzu zur Verfügung[7]:

- Interne mathematische Modelle (zum Beispiel für Fahrleistungen, Kraftstoffverbrauch, ...)
- Externe mathematische Modelle als „komprimierte Ergebnisse komplexer Rechenprogramme, zum Beispiel für Fahrdynamik, Crashverhalten, äußere und innere Strömungen, ...
- Statistische Abhängigkeiten von Eigenschaften und Parametern gebauter Fahrzeuge und deren Komponenten
- Allgemeine und spezielle Erfahrungswerte
- Schätzwerte.

Eine optimale Allokation der einzusetzenden Mittel setzt, unter Berücksichtigung strategischer Aspekte, zusätzlich den Abgleich der Nutzen-Kosten-Aspekte aller Anforderungen und Eigenschaften voraus[8].

An einem überschaubaren Beispiel soll angedeutet werden, wie eine simultane Behandlung unterschiedlicher Anforderungen erfolgen kann.

Es handelt sich um die drei Anforderungen

- Fahrleistungen
- Kraftstoffverbrauch
- Rohemissionen des Motors als komplexe Funktion der drei Fahrzeuggrundauslegungs-Parameter (beziehungsweiseBereiche):
- Fahrzeuggewicht G
- Luftwiderstandsfläche c_wF
- Antriebsauslegung AA (Hubraum, Drehmomentverlauf, Übersetzungsbereich, ...).

Es gilt vereinfacht:

Fahrleistungen = f_{FL} (G, c_wF, AA)
Kraftstoffverbrauch = f_{KV} (G. c_wF, AA)
Rohemissionen = f_{RE} (G, c_wF, AA).

Beispielsweise ließe sich die Vorgabe eines sehr geringen Kraftstoffverbrauchs rein rechnerisch mit einer entsprechenden Kombination aus sehr niedrigen Werten von Fahrzeuggewicht und Luftwiderstandsfläche oder einer sehr sparsamen und dennoch leistungsfähigen Antriebsauslegung erreichen.

Da beide Grenzfälle aber zu starken Nachteilen in anderen Anforderungsbereichen und/oder zu extrem hohen Kosten (Werkstoffe, Bauweisen, Komplexität des Antriebsaggregats) führen würden, müssen Parameterkombinationen („Zielgebiete", siehe Bild 11), gefunden werden, die durch

- entsprechende Karosseriegestaltung (Querschnittsfläche, Luftwiderstandsbeiwert),
- Einbeziehung neuer Technologien (Leichtbau, Motor- und Getriebeauslegung, elektronisches Antriebsmanagement)

eine „Ausbalancierung" aller Anforderungen ermöglichen. Dies wird auch aus Bild 12[9] deutlich.

Nicht alle Anforderungen liegen in objektiven und quantifizierbaren Größen vor. Deshalb wird in zunehmendem Maße ein methodischer Ansatz „Quality Function Deployment" angewendet, der alle technologieneutralen (und damit auch subjektiven) Anforderungen mit den technologiebezogenen Produkteigenschaften verbindet (zum Beispiel[6, 10]).

4. Beispiele konkreter Anforderungen und Bewertungskriterien

Zusätzlich zu den schon behandelten Anforderungen „Fahrleistungen, Kraftstoffverbrauch und Abgas-Emissionen" sollen in den folgenden Beispielen weitere Anforderungen, sowohl für das Gesamtfahrzeug als auch für seine Komponenten, aufgezeigt werden.

Bild 13 zeigt beispielhaft, wie verschiedene Unterziele, hier des direkten und indirekten Sichtfeldes des Fahrers, dem Mittelziel, in diesem Fall „Wahrnehmungssicherheit", und dieses wiederum dem Oberziel „Aktive Sicherheit" (siehe Bild 5) zugeordnet werden können.

Sichtfelder sind wiederum auch ein Teil der Anforderungen an die Außenhaut eines Personenwagens (Bild 14[11]). Wie zum Beispiel die Interdependenzen zwischen Aerodynamik, Sonneneinstrahlung, Sichtfeldern und Übersichtlichkeit zeigen, bestehen bei der Mehrzahl dieser Anforderungen Zielkonflikte. Hinzu kommt, daß innerhalb einiger Anforderungsbereiche, wie zum Beispiel der Aerodynamik, ebenfalls Zielkonkurrenzen bestehen. Es gibt aber auch simultane Zielerreichung mehrerer Ziele. Ein Beispiel hierfür ist die geglättete Außenhaut, die grundsätzlich sowohl der Aerodynamik als auch der Sicherheit exponierter Verkehrsteilnehmer zugute kommt.

Ein anderes, ebenfalls äußerst komplexes Thema ist die Abstimmung der Fahreigenschaften, mit wichtigen Mittelzielen wie

- Geradeausverhalten
- Kurvenverhalten
- Übergangsverhalten
- Lenkverhalten
- Bremsverhalten.

Die subjektive Bewertung des Gesamtverhaltens bei allen, auch extremen, Fahrsituationen wird trotz jahrzehntelanger, internationaler Bemühungen um Objektivierung auch auf absehbare Zeit unverzichtbar bleiben.

Dennoch gibt es schon eine Reihe von Bewertungskriterien (ältere Zusammenfassung siehe[12]), aus denen einige für den Bereich der sog. linearen Fahrdynamik gültige Grenzlinien der besonders wichtigen Schräglaufkennwerte von Vorder- und Hinterachse abgeleitet werden können[13]. Wie Bild 15 beispielhaft zeigt, sind dabei fundamentale Zielkonflikte unvermeidbar.

Die Optimierung von Fahrkomfort, Fahrverhalten und Qualitätsempfinden erfordert für Karosserien ausreichend hohe Werte von Steifigkeiten sowie Biege- und Torsionseigenfrequenzen. Das erfordert zunächst ausreichend großen Abstand von den Achseigenfrequenzen, was besonders bei Cabriolets zu besonderen Maßnahmen führt.

Ein anderes Beispiel betrifft das Crashenergie-Management und damit die Auslegung der Kraft-Weg-Kurve der vorderen Knautschzone: Wie aus Bild 16[11] zu entnehmen ist, führen verschiedene Sicherheitsanforderungen zu ganz unterschiedlichen „Idealkurven". Automobile müssen auf allen Straßen, mit voller Zuladung sowie auch in extremen Klimazonen betriebsfähig sein: Motoren müssen bei tiefen Temperaturen anspringen und Leistung abgeben, Kühlsysteme müssen auch bei großer Hitze Überhitzungserscheinungen vermeiden, alle Komponenten des Fahrzeugs müssen bei allen vorkommenden Betriebsbedingungen funktionsfähig sein.

Für die Fahrzeugentwickler erfordert all dies die Festlegung definierter Versuchsbedingungen und Bewertungskriterien. Bild 17[14] zeigt hierzu konkrete Zahlenwerte für Tests an Heizungs- und Klimaanlagen. In Bild 18 ist zusammenfassend dargestellt, welche funktions-, qualitäts- und lebensdauerrelevanten Einflüsse in konkrete Anforderungen und Bewertungskriterien umgesetzt werden müssen.

5. Schlußbemerkungen

Die Automobilentwicklung wird in immer stärkerem Maße geprägt durch

- quantitativ und qualitativ progressiv steigende Anforderungen, sowohl an das eigentliche Fahrzeug als auch an seine Einbindung in das Verkehrssystem und damit in die übergreifenden Bereiche Ökonomie und Ökologie,
- damit zusammenhängend immer gravierender werdende Zielkonflikte,
- immer größere Zahl möglicher Grundkonzepte, Konzeptvarianten, verfügbaren Technologien, Konstruktionsprinzipien, Bauteilen, Entwicklungsverfahren,
- damit zusammenhängend zunehmende Aufwendungen in Forschung und Entwicklung, Fertigung, Logistik, Recycling.

Deshalb kann davon ausgegangen werden, daß künftige Fahrzeugmodelle immer seltener „lineare“ Weiterentwicklungen bisheriger Konzepte sein werden[3,15]. Zudem werden ganzheitliche Optimierungsverfahren immer wichtiger[16,17]. All das erfordert umfangreiche systematische Vorüberlegungen, kreative Suche nach neuen Konzepten sowie nicht zuletzt „richtige“ Zielsetzungen mit sorgfältigem Abwägen zwischen dem Wünschbaren und dem Machbaren.

In der Anfangszeit machte das Autofahren nicht nur Freude, ...

Bild 1

BMW V8 – gestern und heute

„Kleine Wünsche" zum BMW 501 V8 2,6l
(Motor-Rundschau, Heft 18/1955)

- Die letzte Ausfeilung der so durchdachten Konstruktion
- Noch weicheres Abfangen der feinsten Stöße von Karosserie und Lenkung (welliges Kopfsteinpflaster)
- Bei jedem Tempo und jeder Belastung rupffreie Bremsen
- Schaltung in den unteren Gängen noch leichtgängiger
- Lichthupe auch bei Tagfahrt und blinkend
- Abdeckung des Reserverades gegen das Gepäck

Merkmale und Eigenschaften des BMW 730i 1994
(im Vergleich zum BMW 501 V8)

- Deutlich drehmoment- und nennleistungsstärkerer Motor, vollelektron. digitales Antriebsmanagement (Einspritzung, Zündung, Automatikgetriebe)
- Deutlich geringerer spezifischer Kraftstoffverbrauch
- Stark verringerte Abgasemissionen
- Luftwiderstandsbeiwert 0,30 statt ca. 0,44
- Deutlich niedrigere Innen- und Außengeräusche
- Ölwechselintervalle um Faktor 4 höher
- 5-Gang-Automatikgetriebe, ABS, ASC, EDC
- Verstellbare Lenksäule, Servolenkung
- Etwa 20% höhere Kurvengeschwindigkeiten
- Etwa 30% kürzere Bremswege
- Etwa 4fach höhere Beleuchtungsstärke
- Weitgehende innere Sicherheit: Steife Karosseriestruktur, Knautschzonen, Gurtstrammer, Fahrer- und Beifahrer-Airbag, ...
- Heizung und Lüftung mit mehr als fünffach höherer Wärme- und Gebläseleistung, Mikrofilter
- Deutlich verbesserter Bedienkomfort
- Neuartige Audio-, Kommunikations- und Navigationssysteme
- Deutlich erhöhte Diebstahl-sicherheit (elektron. Wegfahrsperre)
- Zusätzlich:
  - Bordnetzelektronik mit Multiplex-Technologie und Komponenten-Integration
  - Reversibles Stoßfängersystem
  - Hohe Recyclingquote, geringer Problemstoffanteil, wasserlöslicher Lack, ...

Bild 2

Automobilentwicklung – Beispiele für quantitative und qualitative Zunahme der Anforderungen

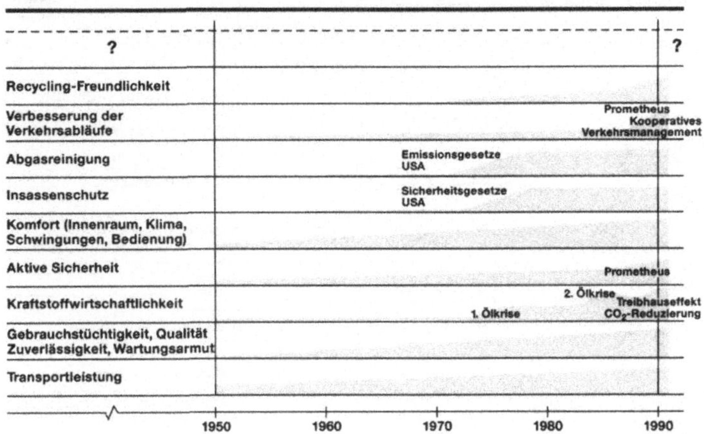

Bild 3

Wo steht das Automobil heute?

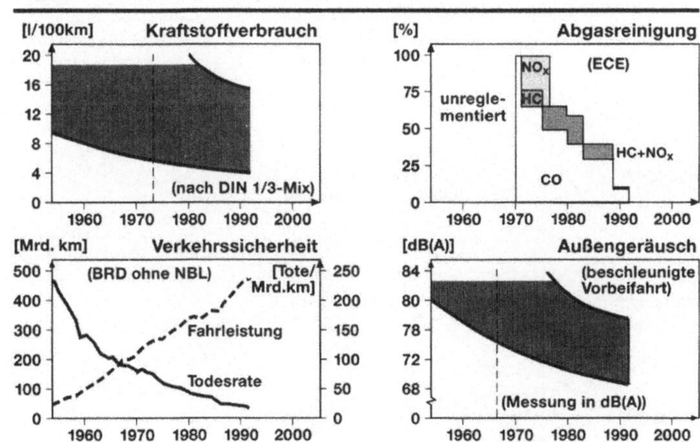

Bild 4

Anforderungen an Automobile – Ein vernetztes System

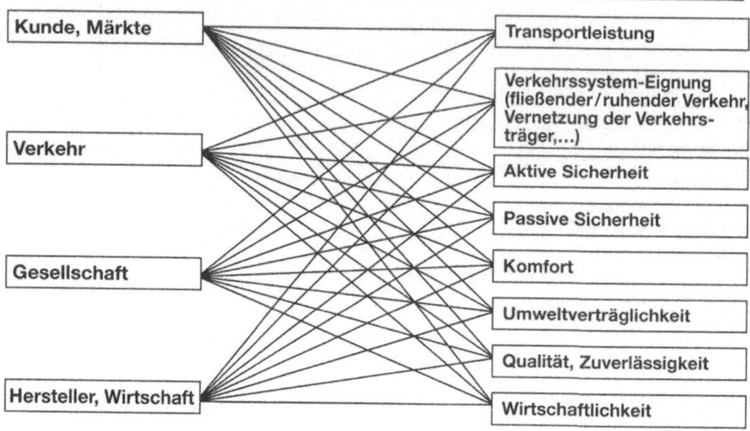

Bild 5

Fahrzeuganforderungen, grundsätzliche Zielkonflikte (Beispiele)

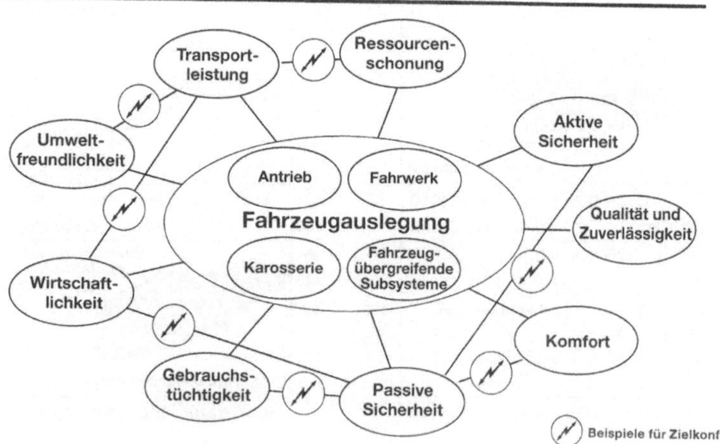

Bild 6

Beispiele grundsätzlicher Zielkonflikte im Automobilbau

Physikalisch - technisch - konstruktive Zielkonflikte

- Funktionsanforderungen - Geometrische Randbedingungen
- Funktionsanforderungen - Werkstoffeigenschaften
- Unterschiedliche Funktionsanforderungen an eine Komponente oder ein System
- Funktionsanforderungen - Recyclingfreundlichkeit
- Komplexität - Wartung und Reparatur
- Komplexität - Qualität und Zuverlässigkeit
- Innovation - Ausreifung

Technisch - wirtschaftliche Zielkonflikte

- Funktionsumfang - Kosten
- Variantenvielfalt - Fertigungsfreundlichk
- Komplexität - Entwicklungszeit
- Gleichteilverwendung - Optimalitätsgrac
- Flexibilität - Produktivität
- Einzeloptima - Gesamtoptimum

Bild 7

Zur Formulierung von Zielsystemen

Zielkategorien

- Mußziele - Wunschziele
- Anstrebensziele - Vermeidensziele
- Technische Ziele - Wirtschaftliche Ziele
- Objektive Ziele - Subjektive Ziele
- Übergreifende Ziele - Spezifische Ziele
- ... - ...

Ziele sollten sein:

- möglichst lösungsneutral
- möglichst präzise und verständlich
- möglichst vollständig und widerspruchsfrei
- möglichst operational (zur Feststellung der Zielerreichung)
- anspruchsvoll, aber realisierbar

Bewertungskriterien aus:

- objektiven Sachverhalten (induktiv)
- normativen Leitbildern (deduktiv)

Bild 8

Zur Festlegung konkreter Zielwerte

- **Erfüllung/Übererfüllung von Kundenanforderungen**
- **Eliminierung bisheriger Schwachstellen**
- **Erfüllung/Übererfüllung von Vorschriften**
- **Orientierung am Klassenbesten (Benchmarking)**
- **Strategische Ziele**
- **Extrapolation des technischen Fortschrittes, unter Berücksichtigung physikalisch-technisch-wirtschaftlicher Grenzbereiche**
- **...**

Bild 9

Anforderungen an Automobile und deren Realisierungsmöglichkeiten (vereinfachte Darstellung)

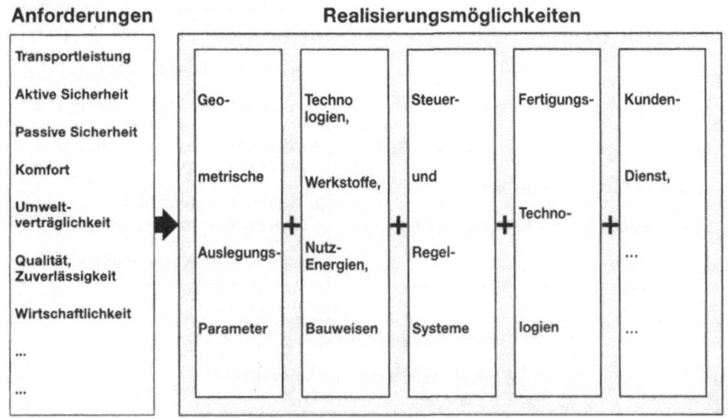

Bild 10

Beispiel zur Festlegung fahrzeugtechnischer Zielwerte

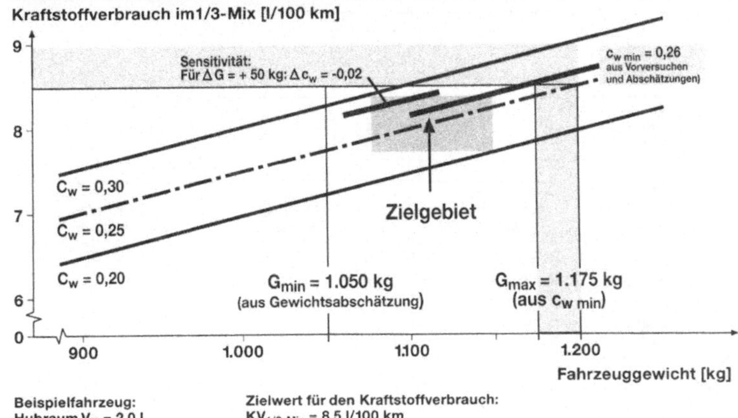

Beispielfahrzeug:
Hubraum V_H = 2,0 l
Querschnittsfläche F = 2 m²

Zielwert für den Kraftstoffverbrauch:
$KV_{1/3\text{-}Mix}$ = 8,5 l/100 km

Bild 11

Kraftstoffwirtschaftlichkeit des Automobils im Zielkonflikt mit anderen Anforderungen (Beispiele)

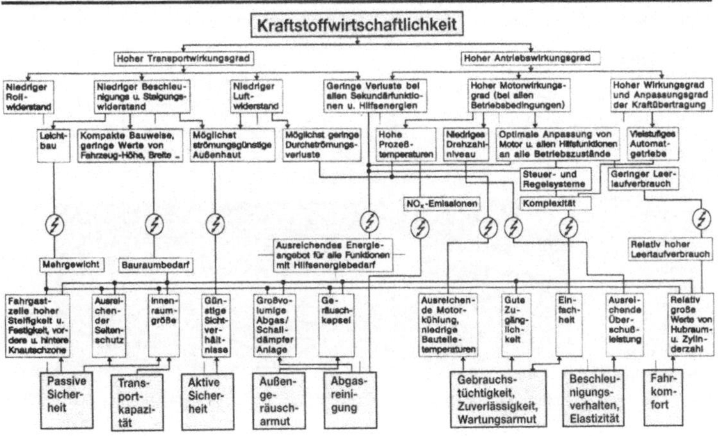

Bild 12

Zur Zuordnung von Ober-, Mittel- und Unterzielen

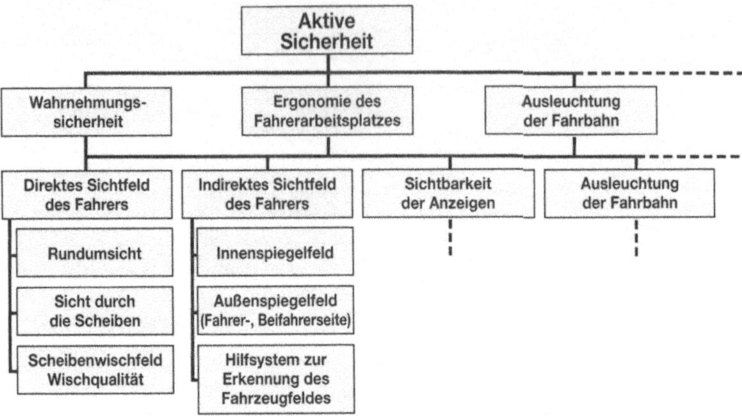

Bild 13

Wichtige Anforderungen an die Außenhaut eines Personenkraftwagens

Bild 14

Einige grundsätzliche Einflüsse auf das Fahrverhalten von Kraftfahrzeugen

Maßnahme		Fahrstabilität	Lenkfähigkeit
Radstand	↑	↑	↓
Schwerpunktlage (Gewichtsanteil auf der Vorderachse)	↑	↑	↓
Verhältnis der Schräglaufsteifigkeiten von Hinterachse zu Vorderachse	↑	↑	↓
Lenkungssteifigkeit	↑	↓	↑
Bremskraftanteil der Vorderachse	↑	↑	↓

Bild 15

Zur Auslegung der Kraft-Weg-Kurve der vorderen Knautschzone (stark vereinfachte Darstellung)

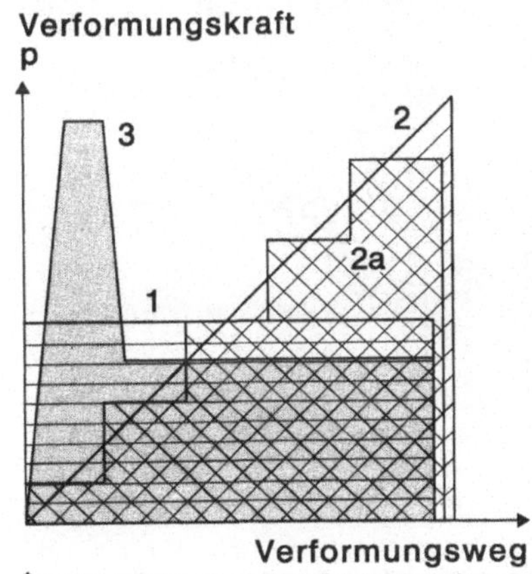

1 Verlauf maximiert Verformungsenergie bei gegebenem Verformungsweg und maximal zulässiger Verformungskraft

2, 2a Verlauf minimiert Unfallfolgen bei "schwächerem" Unfallpartner und minimiert den jeweiligen Reparaturschaden

3 Verlauf optimiert Insassenbewegung im Gurt-Rückhalte-System

Bild 16

Versuchsbedingungen für die Szenarien „Death Valley-Sommer“ und „Nordland-Winter“

	Death-Valley-Sommer	Nordland-Winter
Ort	35° n. B.	68° n. B.
Strahlungs-Richtung	78°	2°
- Intensität direkt	1000 W/m²	150 W/m²
diffus	90 W/m²	20 W/m²
Fzg.-Ausrichtung	Bug zur Sonne	Bug zur Sonne
Umgebungstemparatur	40°C	- 20°C
Motorraumtemperatur	85°C	+ 30°C
Kofferraumtemperatur	65°C	- 10°C
Bodentemperatur	40°C	- 20°C
Luftfeuchte	10 % rel.	90 % rel.
Fahrgeschwindigkeit	0,32, 64, 96... km/h	0,32, 64, 96... km/h
Gebläsestufen	0 : III	0 : III

Bild 17

Einflüsse (Belastungen) auf das Kraftfahrzeug

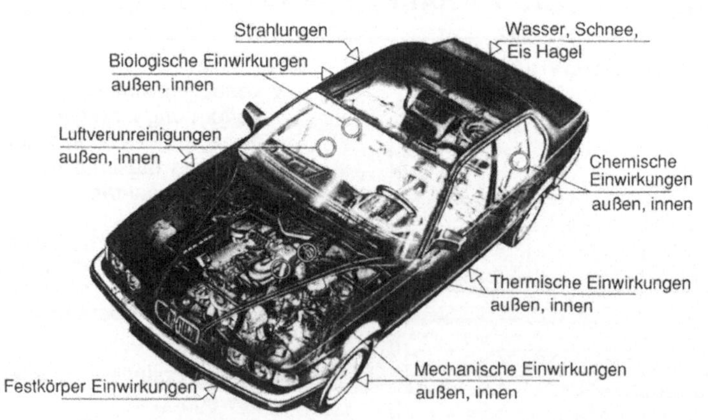

Bild 18

Anmerkungen

1 Californian Air Research Board: „Proposed Amendments to Low-Emission Vehicle Regulations to Add an Equivalent Zero-Emission Vehicle (EZEV) Standard and Allow Zero-Emission Vehicle Credits for Hybrid Electric Vehicles“, July 1995
2 F. Piech: „3 l/100km im Jahre 2000“, ATZ 1992, S. 20-23
3 H.-H. Braess: „Nichts steigt so schnell wie Ansprüche – Gedanken zur weiteren Entwicklung des Automobils“, ATZ 1993, S. 452-458
4 H.-H. Braess et al.: „25 years of ESV Development – Opportunities and Risks of Government-Induced Goals“, 14th Int. Conference on Enhanced Safety of Vehicles, 23. – 26.05.1994, München, Proceedings, S. 13-21
5 V. Gersbach, H. Naundorf: „Versuchsmethoden für Mißbrauchtests der Betriebsfestigkeit“, VDI-Bericht 632, 1987, S. 169-190
6 N.A. Schilke: „Engineering for the Customer“, FISITA-Kongreß 1994 (Peking), Paper 945232
7 H.-H. Braess et al.: „Methodik und Anwendung eines parametrischen Fahrzeug-Auslegungsmodells“, Automobilindustrie 5/1985, S. 627-637
8 H. Appel et al.: „Nutzen-Kosten-Analyse für Rückhaltesysteme, Sicherheitsnormen und VW-Sicherheitswagen“, ATZ 1973, S. 85-90
9 H.-H. Braess: „Automobil, Mobilität, Energiebedarf – Ein vielfach beeinflußtes und vernetztes System“, FAT-Schriftenreihe, Nr. 93, 1991, S. 299-332
10 B. Curtius: „Quality Function Deployment in der westdeutschen Automobil- und Zulieferindustrie“, Verlag Shaker, Aachen 1995
11 H.-H. Braess: „Die Karosserie – typisches Beispiel für Zielkonflikte und Zielkonfliktlösungen für Automobile“, VDI-Bericht 968, 1992, S. 1-23
12 R. Rönitz et al.: „Verfahren und Kriterien zur Bewertung des Fahrverhaltens von Personenkraftwagen“, Automobilindustrie 1977, Heft 1, S. 29-39 und Heft 3, S. 39-48
13 J. Wedlin et al.: „Combining Properties for Driving Pleasure and Driving Safety“, SAE 921595
14 A. Dick, R. Stricker: „Zur Bewertung inhomogenen Klimas im PKW durch ein thermophysiologisches Insassenmodell“, VDI-Bericht 699, 1988, S. 247-264
15 W. Sievert: „Zur Problematik des heutigen PKW-Konzeptes unter derzeitigen Rahmenbedingungen“, PVT 4/1994, S. 97-106
16 C. Kaniut, H. Kohler: „Ganzheitliche Bilanzierung im Automobilbau“, ZwF 1995, S. 47-482
17 H. A. Franze et al.: „Automobil-Umweltverträglichkeit – Neue Instrumente im BMW Produktentwicklungsprozess“, ATZ 1995, S. 570-585

Siegmar Bornemann

Diskussion:

Bornemann: Ich hätte, Herr Braess, einige Kommentare zu Frederic Vesters „Ausfahrt Zukunft" und zu seinem Buch „Crashtest Mobilität" erwartet. Denn schließlich handelt es sich um die Umstrukturierung einer ganzen Industrie, wenn wir an den ökologischen Strukturwandel denken. Es geht nicht mehr um eine Monokultur Auto, sondern darum, Verkehrsdienstleistungen anbieten zu können und zu wollen. Und ich würde Sie herzlich bitten, zu diesen Ansätzen noch etwas zu sagen.

Braess: Wir sind sicherlich in einem Stadium angekommen, in dem wir uns fragen müssen: Was können wir überhaupt noch tun? Wenn Sie sich die heutigen Entwicklungen anschauen, stellen Sie fest, daß es keine lineare Entwicklung mehr gibt. Die Größenzunahme hat aufgehört. Das Maß an höchstem Komfort ist erreicht. Die Beheizung des Innenraums, die Bequemlichkeit des Autos – es gibt im Grunde genommen nichts mehr zu verbessern. Ich habe vorhin in meinem Beitrag anhand des Beispiels *Geräuschminderung* und *Abgasentgiftung* aufgezeigt, daß die Gesellschaft noch gewisse Forderungen stellt, die wir als Automobilhersteller verstehen. Forderungen jedenfalls, die dem entgegenstehen, was Sie fordern, Herr Bornemann.

Wenn Sie die Geschichte der Automobilindustrie kritisch analysieren, dann stellen Sie fest, daß Firmen, die Quantensprünge in der Entwicklung gemacht haben – wie zum Beispiel Borgward – zwar kurzzeitig großen Applaus bekamen, letztlich aber doch nicht den nötigen Anklang fanden, um betriebswirtschaftlich zu überleben. Die Schritte von einem zum nächsten Modell – und das gilt für die gesamte Industrieentwicklung – muß beherrschbar sein. Das gilt auch für den Kundendienst, den Service, die Dienstleistungen. Herr Bornemann, ich teile Ihre Ansicht, daß es nicht mehr so weitergehen kann wie bisher. Allerdings müssen auch die Kunden bereit sein, die entsprechenden Schritte mitzumachen, die entsprechenden Produkte kaufen, die Dienstleistungen akzeptieren. Alle neuen Modelle – denken sie an die A-Klasse von Mercedes – müssen viele Jahre vorher für den Markt vorbereitet werden. Schon jetzt laufen die großen Pressekampagnen, obwohl das Auto erst in anderthalb Jahren auf den Markt kommt. Denn Mercedes ist sich ebenso nicht sicher, wie die anderen Automobilunternehmen, die ein neues Produkt planen. Und wenn BMW und Rover in naher Zukunft etwas Neues auf den Markt bringen, dann werden wir uns genauso verhalten wie Mercedes. Weil wir letztlich nie ganz sicher sind, was der Kunde wirklich will beziehungsweiseob er das, was wir ihm anbieten, akzeptiert.

Zu Frederic Vester möchte ich folgendes sagen: Er ist Biologe und hat das „Vernetzte Denken" als erster in die Diskussion über die Zukunft des Automobils, über die Zukunft des Verkehrs und die der Industrieregionen ins Gespräch gebracht. Ich habe ihm kürzlich bei einem Kongreß gesagt: Sie sind stehengeblieben bei dem, was Sie vor zehn Jahren in die Diskussion eingeführt haben. Sie haben nicht konsequent weitergedacht. Und Professor Häberle von der Umweltstiftung in Oberpfaffenhofen hat zustimmend genickt.

Vester hat ohne Zweifel große Verdienste und vieles angestoßen, und ich meine, daß wir ihm dafür auch dankbar sein müssen. Aber wir sollten das, was Vester gedacht, konzipiert und in seinen Büchern in die öffentliche Diskussion gebracht hat, nicht überbewerten.

BMW war der erste Konzern, der 1986 ein integriertes Verkehrskonzept und das kooperative Verkehrsmanagement für München vorgeschlagen hat. Ich bin sehr stolz, daß ich daran mitarbeiten durfte, weil es inzwischen zum Allgemeingut geworden ist. Aber: Wie wollen Sie Konzepte dieser Art in Zukunft durchsetzen? Die Stadt München, die Umlandgemeinden – alle haben unterschiedliche Interessen. Ich gehe zur Bayerischen Staatsregierung und zur Bundesregierung und fordere alle auf, ein übergreifendes Verkehrskonzept zu entwickeln, an dem alle partizipieren: Bund, Land, die Städte und Gemeinden. Der Verkehrsminister hat keine Kompetenz in die Städte hineinzuregieren. Da sei der Föderalismus vor. Und die Stadt München kann nicht einfach die Umlandgemeinden dominieren, obwohl sie alle an der Großstadt München partizipieren: an der Infrastruktur, den Krankenhäusern, Kultureinrichtungen, Theater. Wird irgendwo ein Parkplatz gebraucht, wird die Stadt München aufgefordert, ihn zu finanzieren nach dem altbewährten St. Florians-Prinzip. Alle rufen nach dem öffentlichen Personennahverkehr. Was passiert in Wirklichkeit: Morgens, zu den Stoßzeiten, ist der öffentliche Personennahverkehr zwar mehr als ausgelastet, aber tagsüber kaum, und doch ruft man nach weiteren Investitionen. Wie aber soll das finanziert werden? Deswegen läßt sich das Prinzip Dienstleistung, wie Sie gefordert haben, Herr Bornemann, nicht so leicht umsetzen.

Wille: Von der ökologischen Seite wird das Langzeit-Auto propagiert. Wie sieht Ihre Bewertung aus? Wäre es günstiger, Kurzzeit-Autos zu produzieren, die immer modernste Technik nutzen? Wenn wir alle jetzt 20 Jahre alte Autos ohne Katalysator fahren würden, wären wir wahrscheinlich damit kaum zufrieden. Meine Frage, Herr Braess: Ist es sinnvoller, ein Langzeit-Auto zu propagieren, das 30 Jahre hält oder eines, das nur 5 Jahre hält und leicht zu rezyklieren ist?

Braess: Erfunden hat die Langzeitauto-Idee Professor Fuhrmann. Ich hatte die Ehre, als Projektleiter bei der Entwicklung des Konzepts dabei zu sein. Im März-Heft von bild der wissenschaft

Dieter Brübach, Joachim Wille

1978 ist dazu von mir und Ludwig Hamm ein Beitrag unter dem Titel „Forschungsprojekt Langzeit-Auto – wie lange sollen Autos leben?" erschienen. „Für die Entwicklung, aber auch für die künftige Lösung unserer Energie- und Rohstoffproblem hat diese Massenproduktion (der Autos) entscheidende Bedeutung." Und, so hieß es weiter im Vorspann des Beitrags von bild der wissenschaft: „Besonderer Rang muß dabei der Frage nach der Lebensdauer des Produktes zukommen."

Die Elemente der Zielsetzung des Forschungsprojektes hießen damals: Schonung der Energievorräte, Schonung der Rohstoffvorräte, Erhöhung der Betriebssicherheit und Zuverlässigkeit, Verringerung der Gesamkosten, Beibehaltung der Ziele bisheriger Fahrzeugkonzepte und Verringerung der Umweltbelastung. Ich könnte mir vorstellen, diese Zielsetzung auch heute in einer Zeitschrift des Ranges von bild der wissenschaft wiederzufinden. Ich betone nur: Das war im Jahre 1978.

Im Laufe der Zeit haben wir aber bei unserer Entwicklung festgestellt, daß die optimale Lebensdauer eines Autos bei etwa 15 bis

18 Jahren liegt. 30 Jahre, wie wir in unserem Projekt damals prognostiziert hatten – die waren einfach zu weit gegriffen. Die technische Veralterung, nicht nur in den Maschinenbauteilen, sondern auch in der Elektronik ist immer noch so groß, daß ein Auto mit dieser Lebensdauer kaum zu rechtfertigen ist.

Wenn wir, und damit komme ich zum Kurzzeit-Auto, ein Auto bauen würden, das im Mittel 5 Jahre halten muß, dann hätten wir bei den heute üblichen Streuungen schon nach den ersten drei oder vier Monaten die ersten Fehler.

Wille: Wir alle kennen das Super-Car von Amory Lovins, den Professor Ernst Ulrich von Weizsäcker in seinem Buch „Faktor Vier" auch vorgestellt hat. Lovins will mit einer Tankfüllung vom Nordkap nach Sizilien fahren. Ist das technisch überhaupt denkbar?

Braess: Wir haben die Konzepte von Lovins sehr genau studiert. Er war auch zweimal zu Gast bei uns im Hause BMW. Lovins hat unserer Ansicht nach einen fundamentalen Fehler gemacht: Er sucht unter den Kennfeldern, die jedes Auto hat – ein Motor hat bekanntlich ein Kennfeld, das von minimalen zu maximalen Drehzahlen und Lasten reicht, so wie jedes technische Element ein Kennfeld hat – die Bestpunkte heraus. Und das ist für einen Ingenieur undenkbar. Zum Beispiel nimmt er für das Hinterachsgetriebe 98 Prozent Wirkungsgrad an. Das ist richtig bei vollem Drehmoment. Wenn Sie sich aber in der Stadt im Stop-and-Go-Verkehr befinden, dann sinkt der Wirkungsgrad wie bei allen anderen technischen Elementen wie Lichtmaschine usw. unter 50 Prozent. Dadurch, daß Lovins sämtliche Bestpunkte miteinander kombiniert – was in der Realität aber technisch nicht möglich ist –, erreicht er ein technisches Optimum, sozusagen das, was man „klinische Bedingungen" nennen kann – für einen Automobilkonstrukteur jedoch eine Utopie. Lovins landet mit seiner Methode bei 2 bis 2,5 Liter Verbrauch, wir aber bei 6 bis 7 Liter. Weil wir sämtliche Betriebsbedingungen berücksichtigen. Wir haben das Herrn Lovins vorgerechnet. Er aber hat das bis jetzt nicht eingesehen, weil er meint, man könnte den Verkehr so steuern, daß man im Verkehrsfluß nahezu an die Bestpunkte herankommt.

Tischner: Trotz aller Einsparmaßnahmen, die Sie technisch erreicht haben, Herr Braess, werden die Emissionen nicht abneh-

Gruppendiskussion: Was können wir überhaupt noch tun?

men, weil immer mehr Menschen Autos fahren. Und es liegt schließlich, das kann man doch offen sagen, im Interesse der Automobilindustrie, die Autos mit immer größerer Stückzahl zu verkaufen. Und zwar in alle Welt. Erst wenn wir es schaffen, die Bedürfnisse nach Mobilität mit weniger Autos zu befriedigen und dafür andere Dienstleistungen in Anspruch nehmen, dann können wir mehr Effizienz erreichen und die Schadstoff-Emissionen senken. Deswegen ist es wichtig, daß sich die Automobilindustrie über diese Dienstleistungsanbietungskonzepte Gedanken macht. Vielleicht indem sie die verschiedenen Sektoren der Bedürfnisse – Sie nannten vorhin den Porsche für die Autobahn, den Geländewagen für die Familie usw. – mit verschiedenen Variationen – als Pool für die Bevölkerung – befriedigen.

Braess: Frau Tischner, Sie haben völlig recht. Ich sage, daß man dies Schritt für Schritt machen kann, muß und auch tut. Wir bei BMW beispielsweise haben mit der Stadt München ein Konzept entwickelt, durch das wir die Bürger immer wieder auffordern, ihr Auto vor der Stadt stehen zu lassen und mit der U-Bahn in die City zu fahren. Wir haben als erste Autofirma das bereits vor zehn Jahren propagiert. Damals haben mich natürlich auch einige Kollegen beschimpft und gesagt: Braess, Sie spinnen, wir wollen doch Autos verkaufen. Und ich bin dankbar, daß der damalige Vorstandsvorsitzende von BMW, Dr. Eberhard von Kuenheim, dieses Konzept unterstützt hat. Das hat wieder mal gezeigt, daß die Leute an der Spitze, worauf Herr Wirth auch hingewiesen hat, sehr schnell neue Konzepte begreifen und auch bereit sind, dafür Umsetzungsstrategien entwickeln zu lassen. Kuenheims Devise lautete damals: Wenn der Verkehr zusammenbricht, können wir auch keine Autos mehr verkaufen. Also müssen wir uns auch um den öffentlichen Verkehr kümmern.

Drinkuth: Haben Sie mal darüber nachgedacht, Herr Braess, ein Langzeit-Auto zu konstruieren, das sich ökologisch stufenweise nachrüsten läßt?

Braess: Ich habe für das Langzeit-Auto-Konzept, das ich vorhin kurz erwähnt habe, immer gefordert, maschinenbauliche Teile, in denen große Energie- und Werkstoffmengen stecken, wie Gußgehäuse usw., möglichst „haltbar" zu machen, intelligente Elektronik aber ständig nachzurüsten. Das nun in die Realität umzusetzen – das haben wir damals sehr bald gemerkt –, ist mit großen Problemen verbunden. Denn das Auto hat bekanntlich eine ABE, eine Allgemeine Betriebserlaubnis, die erlischt, sobald etwas nachgerüstet wird, was gesetzesrelevant ist, und bei der Entwicklung nicht berücksichtigt wurde. Damit ist der Nachrüstungsumfang deutlich eingeschränkt. Zudem darf gerade bei Altfahrzeugen der Wirtschaftlichkeitsaspekt nicht vergessen werden.

Thomas Merten

Thomas Merten, Christa Liedtke

Beispiele für öko-intelligentes Produzieren

Zukunftfähiges Wirtschaften ist eng verbunden mit zukunftfähigem, öko-intelligentem Produzieren. In den letzten 20 Jahren wurde versucht, die durch die „Umweltchemikalienpolitik"[1] als Gefahrstoffe klassifizierten Substanzen aus der Produktion zu verbannen, herauszufiltern oder ihr Aufkommen zu reduzieren. So wichtig diese Gefahrstoffbekämpfung und die „end-of-pipe"-Technologien auch sind, zukunftsweisende Grundaussagen konnten bislang aus diesem einzelstoffbezogenen Vorgehen kaum abgeleitet werden.[2] Bisher hat die nachsorgende Umwelttechnik selbst große Mengen an Material und Energie verschlungen, um zum Beispiel Filteranlagen und Entsorgungseinrichtungen zu bauen und zu betreiben. Weitgehend unbeachtet blieben dagegen die zur Produktion von Gütern in die Wirtschaft eingebrachten riesigen Stoffströme, die teilweise nach sehr kurzer Zeit wieder als Rückstände, Abfälle oder Emissionen auf der Outputseite auftreten.

So wurden 1991 durch innerhalb Deutschlands stattfindende Wirtschaftsprozesse 4,2 Mrd. Tonnen abiotische Rohmaterialien in Bewegung gesetzt, von denen nur 0,9 Mrd. Tonnen längerfristig in der Wirtschaft verblieben.[3] Die restlichen 3,3 Mrd. Tonnen sind „Durchflußströme", die nach der Entnahme schon innerhalb der Prozesse wieder in veränderter Form an die Umwelt abgegeben werden. Dies sind v.a. Energieträger, nicht verwertete Förderung und Aushub. Zusätzlich werden im Ausland 2,9 Mrd. Tonnen abiotische Rohmaterialien in Bewegung gesetzt, von denen nur 0,4 Mrd. Tonnen als Importe nach Deutschland gelangen, die übrigen Massen sind Bergehalden, Deponiestoffe und Erosion.[4]

Nur wenn es gelingt, die von der Gesellschaft nachgefragten Produkte und Dienstleistungen mit deutlich weniger Ressourcenverbrauch her- und bereitzustellen, kann eine zukunftsfähige Entwicklung beschritten werden. Das bisher vorrangige Ordnungsrecht („Grenzwertpolitik") wird durch eine Umweltpolitik ergänzt, die neben hoher Arbeits- und Kapitalproduktivität die Steigerung der Ressourcenproduktivität als Innovationsmotor nutzt.[5] Rechnet sich umweltgerechtes Verhalten auch ökonomisch, so werden Kreativität und Spielräume frei, die sich innerhalb des bestehenden Systems des Umweltrechts nicht entfalten konnten.

1. Ressourcenproduktivität – Grundlage zukunftsfähigen Wirtschaftens

Bislang ist die Notwendigkeit einer Ressourcenproduktivitätssteigerung, ganz im Gegensatz zur seit Jahrhunderten stattfindenden Steigerung der Arbeits- und Kapitalproduktivität, von den Ingenieuren und Ökonomen in den Unternehmen nur dann beachtet worden, wenn mit dem Rohstoffverbrauch hohe Kosten verbunden waren (zum Beispiel in der Stahlindustrie), selten jedoch als Antrieb zur

Innovationssteigerung. So hat die Arbeitsproduktivität in den letzten 200 Jahren um mindestens das 50-fache zugenommen, in einzelnen Fällen um das zigtausendfache, die Ressourcenproduktivität ist aber systemweit nicht merklich gestiegen.[6] Dabei muß man sogar davon ausgehen, daß der Anstieg der Arbeits- und Kapitalproduktivität gesamtgesellschaftlich bisher nur durch einen erhöhten Einsatz an Rohstoffen und Energie ermöglicht wurde. Ökonomische Prosperität und damit (materieller) Wohlstand, Arbeitsplätze, Wettbewerbsfähigkeit usw. werden heute immer noch durch hohen Material- und Energieverbrauch „erkauft".[7] Daß diese unmittelbare Verbindung zwischen ökonomischem Wohlergehen und hohem Ressourcenverbrauch nicht weiter Bestand haben muß, soll im folgenden gezeigt werden. Hierzu ist ein neues Denken in Systemen, Lebenszyklen und Dienstleistungskonzepten notwendig. Die Veränderungen beschränken sich aber keineswegs nur auf die Produkte oder das Produzieren, es geht auch darum, wie diese Produkte verkauft, bereitgestellt, genutzt, wieder- oder weiterverwendet etc. werden.[8] Systemweit bedeutet natürlich auch, daß öko-intelligentes Produzieren zusammen mit öko-intelligentem Konsum einhergehen sollte.

Als Kernaussagen soll nochmals festgehalten werden:

- Heutiger Wohlstand muß mit weit weniger Materialverbrauch erreicht werden, er muß dematerialisiert werden mittels einer drastisch wachsenden Ressourcenproduktivität.[9]
- Eine Veringerung unserer systemweiten Stoffdurchsätze um einen mittleren Faktor 10 während der nächsten Dekaden scheint unerläßlich, insbesondere unter Berücksichtigung des zu erwartenden Wirtschafts- und Bevölkerungszuwachses in der „Dritten Welt".[10]

Eine sich daraus ergebende 50prozentige Reduzierung der globalen anthropogenen Stoffströme innerhalb der nächsten 50 Jahre könnte als eine erste ernsthafte Maßnahme zur Restabilisierung der Ökosphäre gewertet werden.

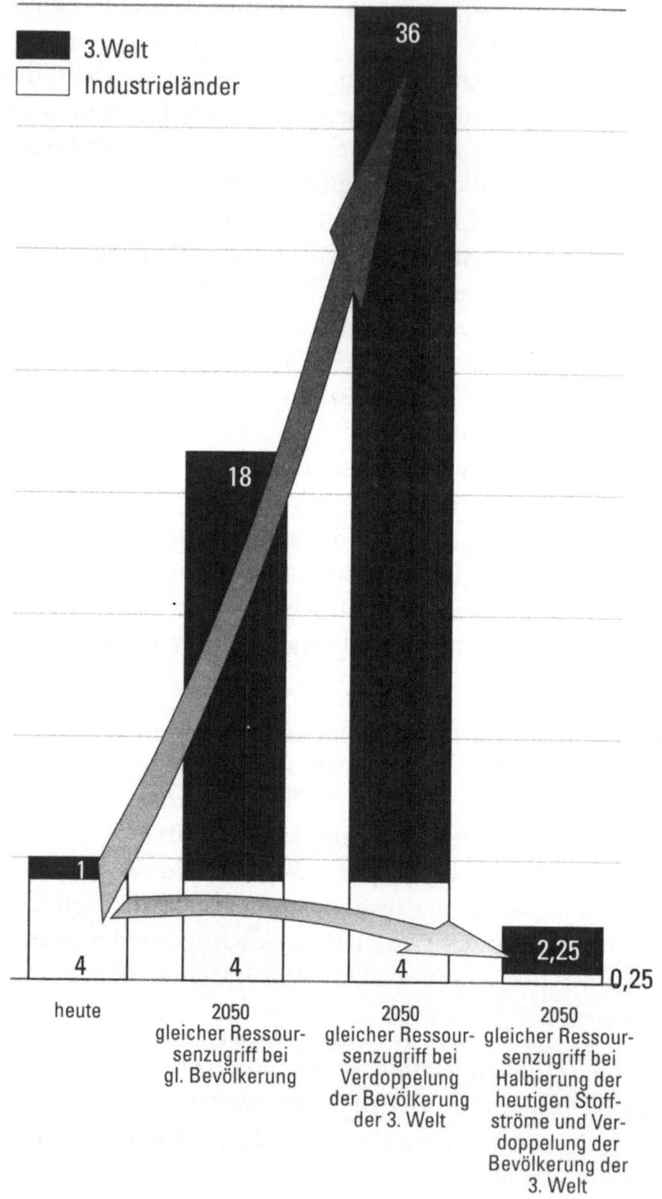

Abb. 1: Pro Kopf Zugriffsangleichung

Die Abbildung 1 zeigt für das Jahr 2050 drei verschiedene Szenarien: Unter der Prämisse eines weltweit gleichen, an die derzeitigen Verhältnisse der Industrieländer angepassten Pro-Kopf-Zugriffs auf die globalen Ressourcen würde sich der Rohstoff- und Energieverbrauch gegenüber heute um das 4,5fache bis 8fache erhöhen (Szenario 2 und 3). Um die wissenschaftlich geforderte 50prozentige Reduktion der weltweiten Stoffströme zu erreichen, müßte aber dieser Ressourcenzugriff um 90 Prozent abgesenkt werden (Szenario 4).

1.1 Ressourcenproduktivität – meß- und optimierbar[11]

Um eine Reduktion der Stoffströme ohne große Wohlstandsverluste zu erreichen, muß ein gegebenes Volumen an „Dienstleistungen" mit einem wesentlich geringeren Einsatz an Material, Energie und Fläche hergestellt und angeboten werden. Zu diesem Zwecke schlägt Schmidt-Bleek vor, Aussagen über die Umweltbelastungsintensität von Gütern und Dienstleistungen an den Ergebnissen einer Ressourcen- oder Material-Intensitäts-Analyse auszurichten. Die Berechnung der Stoffströme von der Gewinnung der Rohstoffe über die Produktion, den Gebrauch und das Recycling der Vor-, Zwischen- und Endprodukte bis zur Entsorgung des verbleibenden Abfalls erfolgt nach dem im Wuppertal Institut in der Abteilung „Stoffströme und Strukturwandel" entwickelten MIPS (Material-Intensität pro Service-Einheit) -Konzept.[12]

Im MIPS-Konzept werden die Inputs von Masse und Energie (= Materialinput, MI) in gleichen Einheiten (zum Beispiel kg oder t) verrechnet. MIPS ist der auf eine Service- (Leistungs-, Nutzungs-, Dienstleistungs-) einheit bezogene Material- und Energieinput (MI) und demnach für dienstleistungsfähige materielle Güter definiert. Dienstleistungsfähig bedeutet, daß Menschen aus der Funktion der Güter Nutzen ziehen können. Das Inverse von MIPS, also die - Serviceeinheit pro Tonne Materialinput, ist die Ressourcenproduktivität. Dies bedeutet, daß MIPS für zwei funktionell äquivalente Güter – aber auch für funktionell gleiche Produktionsstätten[13] oder Verfahren – den direkten Vergleich der Umweltverträglichkeit auf breiter Basis erlaubt.

Die Berechnung der Material-Intensität eines Produktes oder einer Dienstleistung wird im MIPS-Konzept als Material-Intensitäts-Analyse (MIA) bezeichnet. Mit Hilfe der MIA können die Umweltbelastungsintensitäten verschiedener Werkstoffe oder Produkte miteinander verglichen werden.[14] In einer Material-Intensitäts-Analyse[15] werden alle Inputs von Materialien bzw. Rohstoffen zur Produktion eines Wirtschaftsgutes in kg (oder t) berücksichtigt und aufsummiert, die der Umwelt aktiv entnommen bzw. dort bewegt wurden (Erze, Gesteine, Sand, Kies, etc.). Hinzu kommen alle Materialien, die zur Entnahme von Rohstoffen oder zum Bau von Infrastrukturen bewegt werden müssen. Weiterhin werden diejenigen Materialien hinzugerechnet, die indirekt für die Erzeugung, die Verpackung, zum Betrieb oder Gebrauch, zur Wartung bzw. Reparatur sowie zur Wiederverwendung (Recycling) bzw. zur Deponierung des zu bemessenden Wirtschaftsgutes verbraucht werden. Sowie diejenigen Materialien, die mittelbar zur Erzeugung bzw. für den Betrieb und die Entsorgung/Recycling des Wirtschaftsgutes notwendig sind, etwa die aus dem Energieverbrauch resultierenden Stoffströme bzw. Materialien.

Aus einer solchen Auflistung und Addition aller Materialströme, die durch eine Dienstleistung oder einen Wirtschaftsvorgang hervorgerufen werden, bestimmt sich der ökologische Rucksack, das heißt die Summe der Materialien, die in dem betrachteten Gut selbst nicht direkt enthalten sind (ökologische Rucksack = Materialinput minus Eigengewicht).

Die ermittelten Materialinputs (MI) werden schließlich getrennt nach folgenden fünf Input-Kategorien ausgewiesen:

- Abiotische Rohmaterialien,
- Biotische Rohmaterialien,
- Bodenbewegungen (Land- und Forstwirtschaft),
- Wasser und
- Luft

Ein ökologisch effektives und ökonomisch effizientes *Ressourcenmanagement* ist notwendig, sollen die Ziele der Dematerialisierung erreicht werden. Durch ein öko-intelligentes Agieren in den drei Bereichen Stoffstrommanagement, Produktmanagement und ökologisches Design (siehe Abbildung 2) wird, basierend auf einer Material-Intensitäts-Analyse und einer Wertschöpfungsanalyse,[16] eine lebenszyklusweite Optimierung, das heißt Reduzierung der Ressourcenverbräuche erreicht. Nur eine integrierte Betrachtung ermöglicht die geforderte Steigerung der Ressourcenproduktivität. Das bisherige Kurieren von einzelnen Symptomen[17] muß durch solche lebenszyklusweit gedachte bzw. systemweite Strategien zumindest ergänzt werden.

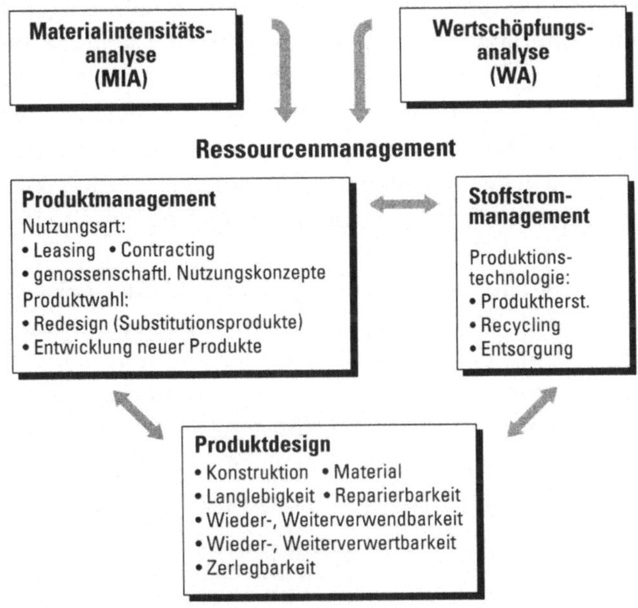

Abb. 2: Ressourcenmangement-Methodik[18]

Ziel des *Stoffstrommanagements* ist die Reduktion des durch den Wirtschaftsprozeß prozeßtechnisch geleiteten Gesamtstoffstromes. Daneben kann die Umweltbelastungsintensität neuer produktionstechnischer Innovationen bestimmt werden. So erhält man Entscheidungshilfen, in welche neuen Produktionstechnologien weiterhin oder neu investiert werden sollen.

Im *Produktmanagement*[19] ist die ressourcen-extensive Nutzung des jeweiligen Produktes zu beachten. Wichtig ist hier die Entwicklung von an die jeweilige Produktpalette angepaßten Nutzungs- und Rückführungsmodellen (Leasing, Contracting, Pooling etc.).

Produktmanagement

Beispiel: Rücknahmekonzept
Der Verkauf von Bürostühlen mit Einschluß einer Rücknahme- und Recyclinggarantie, man kann es auch als ein sehr langfristiges Vermieten zu einem Festpreis bezeichnen, gehört zu denjenigen Maßnahmen, die Materialeinsparungen durch erhöhte Kreislaufquoten erzielen.

Im Fall der Firma Grammer AG, Amberg[20] werden die einstmals an die Kunden verkauften Bürostühle nach Ablauf ihrer Nutzungsdauer wieder zurückgenommen und in den Produktionskreislauf eingeschleust. Dabei wird durch Aufarbeitung bzw. direkte Wiederverwendung von Modulen eine Recyclingquote von 90 Prozent erreicht. Der Hersteller ist aufgrund dieses Rücklaufes bestrebt, bei der Produktion auf ein entsprechend demontagefreundliches und dauerhaftes Design der Module und Verbindungselemente zu achten. Dadurch werden weitere Teile des Produktlebenszykluses mit in die unternehmerische Betrachtung eingeschlossen, im Gegensatz zum herkömmlichen Verkaufssystem, bei dem der Hersteller nur selten in den Bereich der Produktnutzung und -entsorgung mit eingebunden ist.

Beispiel: Vermietung
Durch die Vermietung von Putztüchern (u.a. betrieben von der MEWA AG, Wiesbaden[21]) werden mehrere ökologische Vorteile erzielt. Zum einen wird durch die Substitution von Einwegtüchern eine entsprechende Menge an Rohstoffen (Baumwolle oder Kunstfasern) eingespart und die nach dem Gebrauch entstehende Sondermüllmenge reduziert[22]. Zum anderen wird durch dieses Mehrwegsystems erreicht, daß in die Entwicklung und Ausgestaltung des Produktes ökonomisch und materiell mehr investiert werden kann, wenn über eine dadurch zu erzielende Steigerung der Umlaufzahlen

die systemweite Material-Intensität pro Ausleih- oder Putzvorgang reduziert wird.

Das ökologische Produktdesign[23] bestimmt die (ökologisch) relevanten Eigenschaften von Produkten über ihren gesamten Lebensweg, von der Herstellung bis zur Weiterverwertung oder Deponierung. Die zur Steigerung der Ressourcenproduktivität notwendigen neuen Ökotechniken unterscheiden sich grundsätzlich von der heutigen Umwelttechnik, die ja im wesentlichen durch „end-of-pipe"-Lösungen das Einbringen von Schadstoffen in die Umwelt durch den Einsatz konventioneller Technik vermindert. Ein Produkt, das von vornherein unter ökologischen Gesichtspunkten gestaltet wurde, belastet die Ökosphäre weniger als jede Technologie, die sich nachträglich mit der Vermeidung oder Beseitigung von Schäden befaßt.[24] Die durch den Indikator MIPS erfaßten relevanten Produkteigenschaften sind vor allem: Langlebigkeit, Reparierbarkeit, Wieder- oder Weiterverwendbarkeit, Wieder- oder Weiterverwertbarkeit sowie Zerlegbarkeit.

ökologisches Produktdesign

Beispiel: Zweikammer-Tankfahrzeug[25]
Die Safety-Kleen Corp. aus Illinois, USA betreibt ein "Vermieten" von Flüssigkeiten, das heißt sie stellt den Kunden bestimmte Stoffe für deren spezifische Zwecke zur Verfügung und nimmt sie nach dem Gebrauch wieder zurück[26]. Durch den Einbau einer verschiebbaren Innenwand innerhalb der Tanks konnte ein gleichzeitiges Beliefern und Zurücknehmen der Flüssigkeiten erreicht werden; bisher waren hierzu zwei getrennte Anfahrten notwendig. Ist am Anfang der Ver- und Entsorgungsfahrt noch das gesamte Tankvolumen mit der Neu-Flüssigkeit gefüllt, befindet sich dort am Ende der Fahrt nur noch die „verbrauchte" Flüssigkeit. Neben der Ressourceneinsparung durch die reduzierte Anzahl der Fahrten, werden bei gleicher Be- und Entlieferungsfrequenz nur noch die Hälfte an Tankfahrzeugen benötigt.

Beispiel: "Skippy", das mitwachsende Kinderfahrrad [27]
Das Unternehmen Cortebike aus Corgémont, Schweiz hat eine neue Art von Kinderfahrad konstruiert, welches ein permanentes „Mit-

wachsen“ des Fahrrades mit der Körpergröße eines Kindes ermöglicht. Geeignet ist das Fahrrad „Skippy“ für Kinder im Alter von 5 bis ca. 12 Jahren. Innerhalb dieser 8 Jahre müssen bislang 3 der herkömmlichen, „nicht-mitwachsenden“ Fahrräder gekauft (und wieder verkauft?) werden. Da das Fahrrad „Skippy“ gegenüber herkömmlichen Fahrrädern nur geringfügig aufwendiger hergestellt wird, kann von einer Erhöhung der Ressourcenproduktivität um einen Faktor 2,5 ausgegangen werden. Als weiterer Vorteil dürfte gewertet werden, daß dieses Fahrrad permanent an die sich ändernde Größe des Kindes anzupassen ist. Es müssen nicht mehr die Anpassungssprünge von zwei oder mehr Jahren in Kauf genommen werden, die sich entsprechend nachteilig auf die Gesundheit des Kindes auswirken.

2. öko-intelligentes Produzieren leichtgemacht

Im folgenden soll veranschaulicht werden, auf welche Art Produkte und Dienstleistungen öko-intelligenter produziert und/oder angeboten werden können. Die hier vorgestellten Produkte und Dienstleistungskonzepte zeigen Wege und Alternativen auf, die zu einer systemweiten Reduzierung der Material-Intensität pro Serviceeinheit (Reduzierung der MIPS) führen. Sie wurden im allgemeinen als ökologische Alternativen zu bestehenden Angeboten konzipiert. Bei einem derartigen Re-Design und natürlich bei jeglichem Neu-Design erlauben die MI-Kennziffern einzelner Werkstoffe, aber auch ganzer Module (zum Beispiel für die Energiebereitstellung oder die verschiedenen Transportmittel) ein ökologisches Auswahlverfahren, zusätzlich zum bestehenden ökonomischen Bewertungsschema[28]. Dieses Verfahren sollte für alle Bereiche des jeweiligen Lebenszykluses angewendet werden, um systemweite Aussagen treffen zu können.

Produkte können in diesem Zusammenhang auch als sog. „Dienstleistungserfüllungsmaschinen“[29] betrachtet werden. Umweltgerecht konzipierte Dienstleistungsangebote bieten dabei ein vergleichbares Dienstleistungsbündel (zum Beispiel klimatisierte und beleuchtete Produktionsfläche, Transportkilometer oder Datenbereitstellung) bei reduzierter Material-Intensität. Zum Vergleich der Produkt- oder Service-Alternativen sind für die nachfolgenden Beispiele die Material-Intensitäten berechnet oder abgeschätzt worden. Dabei werden nur die MI-Werte für abiotische und biotische Rohmaterialien ausgewiesen. Bodenbewegungen (Land- und Forstwirtschaft), Wasser und Luft, obwohl im Gesamtkonzept von hoher Bedeutung[30], werden hier aufgrund der schlechten und unausgewogenen Datenlage nicht mit aufgeführt. Im Beispiel des Kambium-Produktionsgebäudes liegen uns Daten dieser MI-Kategorien zwar vor, auf eine Darstellung wurde aber an dieser Stelle dennoch verzichtet.

2.1 Gebäudebau – öko-intelligent und kostengünstig[31]

Das Produktionsgebäude des Unternehmens Kambium
Bei dem Produktionsgebäude des Unternehmens Kambium, einem mittelständischen Unternehmen aus der holzverarbeitenden Industrie, handelt es sich um einen Bau aus massivem Mauerwerk. Eine möglichst umweltgerechte Gebäudekonzeption nahm innerhalb der Geschäftsführung in den Phasen Planung, Bau und Nutzung einen hohen Stellenwert ein. Die Außenwände des Kambium-Gebäudes bestehen aus 50 cm starken, sehr porösen Ziegelsteinen, mit sehr guten wärmetechnischen und vergleichmäßigenden Eigenschaften. Unterbrochen sind die Wände durch große Glasbausteinflächen, die sowohl zur Erwärmung (durch die tiefstehende Sonne im Winter[32]) als auch zur Beleuchtung des Gebäudeinnenraumes beitragen. Wie weiter unten gezeigt wird, wirkt sich besonders die dadurch erzielte Stromeinsparung für die Beleuchtungseinrichtung sehr positiv auf den MI-Wert des Gebäudes aus. Eine weitere Klimaregulierung wird durch das Sedumdach erzielt. Die hierauf angelegte Extensivbegrünung nimmt das Niederschlagswasser auf, speichert es und sorgt durch dessen Verdunstung an heißen Tagen für ein entsprechend angenehmes Klima (Verdunstungskühle) in den Innenräumen. Der sonst übliche Einbau einer Klimaanlage konnte durch diese Baumaßnahmen vermieden werden.

Abb. 3: das Kambium-Gebäude

Diese, im gewerblichen Hochbau unübliche Bauweise wird im folgenden mit einer weit verbreiteten Bauweise, dem Stahlskeletthallenbau verglichen: Die Stahlskelett-Bauweise zeichnet sich durch freitragende Konstruktionen aus, die auf Pfeilern, Stützen und Rahmen aus Stahl, Stahlbeton oder Holz lasten. Die Bauteile bestehen in der Regel aus Stahl und aus Verbundmaterialien (Stahl und Dämmstoffe). Die hierbei üblicherweise verwendeten Baustoffe und deren Massen wurden für eine zum Kambium-Gebäude vergleichbare Stahlskelettkonstruktion den Herstellerkatalogen entnommen.[33]

Der Bau der Gebäude
Die Tabelle 1 zeigt die wesentlichen Gebäudemassen des Kambium-Gebäudes und der fiktiven Stahlhallenkonstruktion.

Baustoffe	**Kambium-**	**Stahlskelett Massivbau**
bau	**[t]**	**[t]**
Baustahl	0	130
Beton	1430	1291
Bewehrungsstahl	37,3	26,1
Bitumen	5,2	1,4
Dachziegel	0,66	0
Gasbeton	1,32	0
Gipskarton	0	26,4
Glasbaustein	17,4	0
Holz Douglasie	0,55	0,55
Holz GK II	53,3	0,55
Holz Lärche	30,6	0
Isoglas	1,57	1,57
Keramik-Fliesen	2	0,89
Linoleum	0,28	0,76
Mineralfaserdämmung	8,42	17,3
Mauerwerk	505	0
Profilblech	0	31,8
PUR-Hartschaum	0	2,05
Putz	74,1	4,19
PVC	2,71	0
Styropor	0,06	0
Titanzink	0,82	0
Zementestrich	119	119
Ziegeldecke	53,8	0
Summe	**2344**	**1654**

Tab. 1: Gebäudemassen

Berechnet man über die einzelnen Baumassen die Material-Intensitäten, so ergeben sich folgende Werte für beide Gebäudevarianten:

	Kambium-Massivbau	Stahlskelettbau
MI abiotisch	4372 t	3467 t
MI biotisch	465 t	5,5 t

Tab. 2: Material-Intensitäten der Gebäudeherstellung

Deutlich zu sehen sind die Unterschiede sowohl der reinen Baumassen, als auch der MI-Werte. Die Tabelle 2 zeigt die Material-Intensität für den Lebenszyklusabschnitt „Bauen". Die Analyse dieses Abschnittes ergibt, daß die Material-Intensität des Kambium-Gebäudes um 905 t abiotische und 460 t biotische Rohmaterialien über den entsprechenden Material-Intensitäten der Stahlhalle liegt. Um zu einer systemweiten Aussage zu gelangen, müssen weitere Abschnitte des Lebenszykluses mit in die Betrachtung integriert werden.

Die Nutzung der Gebäude

Bei der Nutzung von Produktionsstätten über einen Zeitraum von vielen Jahrzehnten werden riesige Massenströme in Bewegung gesetzt, gegenüber denen die Massen für den Gebäudebau sehr gering erscheinen. Die Absicht des hier vorgenommenen Produktvergleichs liegt aber nicht darin, die gesamte, lebenszyklusweite Material-Intensität zu berechnen, sondern die Unterschiede zwischen zwei Gebäude-Varianten herauszustellen. Zu diesem Zwecke ist es erforderlich, die durch die Gebäude-Konstruktionen sich ergebenden unterschiedlichen Aufwendungen für den Betrieb und die Instandhaltung zu ermitteln und vergleichend zu analysieren. Daher werden im folgenden ausschließlich die sich hieraus ergebenden Material-Intensitäts-Differenzen aufgezeigt.

Aufgrund der unterschiedlichen Gebäudekonstruktionen, der dabei verwendeten Baumaterialien und den daraus resultierenden unterschiedlichen Eigenschaften, treten im Laufe der Gebäudenutzung unterschiedliche Instandhaltungsmaßnahmen auf.

Kambium-Massivbau	Stahlskeletthalle	Zeitintervall
Auswechseln der Türen und Fenster	Auswechseln der Türen und Fenster	30 Jahre
Erneuerung der Bodenbeläge	Erneuerung der Bodenbeläge	30 – 40 Jahre
Erneuerung des Außenputzes		60 Jahre
Erneuerung der Glasbausteine		60 Jahre
	Erneuerung der Wand- und Dachelemente	30 Jahre
	Erneuerung des Anstrichs	30 Jahre

Tab. 3: Instandhaltungsmaßnahmen34

Betrachtet man die unterschiedlichen, materiellen Aufwendungen zur Instandhaltung der Gebäude[35], so fallen im Laufe der von dem Unternehmen Kambium angestrebten Lebensdauer von 120 Jahren bei der Stahlskelettbauweise zusätzliche Materialinputs von 1.130 t an, gegenüber nur 224 t beim Kambium-Gebäude[36]. Für den Lebenszyklusabschnitt „Nutzung" ergibt sich somit ein um 906 t höherer MI-Wert für die Stahlskeletthalle[37]. Desweiteren treten Unterschiede in der Energiebilanz der Gebäude zutage. Das Kambium-Gebäude verbraucht pro Jahr 3,15 MWh mehr an thermischer Energie (für die Heizungsanlage), dafür aber ca. 20 MWh weniger an elektrischer Energie (für Einsparungen in der Beleuchtung und für das Nichtvorhandensein einer Klimaanlage) gegenüber der Stahlhallen-Bauweise[38]. Diese Verbrauchsdifferenzen ergeben eine Material-Input-Differenz von 94,6 t pro Jahr zugunsten des Kambium-Gebäudes.

Da eine Nutzungsdauer von 120 Jahren für Industriebauten selten erreicht wird, wird im folgenden eine Aussage über den systemweiten „break-even-point"[39] getroffen. Es ist zu sehen, daß dieser schon weit vor dem ersten Instandhaltungszeitpunkt erreicht wird.

Für die Lebenszyklusabschnitte „Bau" und „Nutzung" ergibt sich folgendes Bild:

Lebenszyklus-schnitt	MI-Kategorie	Kambium-Massivbau	Stahlskelettab-halle
Bau	MI abiotisch	4372 t	3467 t
	MI biotisch	465 t	5,5 t
Nutzung[40]	MI abiotisch		94,6 t pro Jahr
		75 t alle 30 Jahre	377 t alle 30 Jahre

Tab. 4: MI-Werte der Lebenszyklusabschnitte

break-even-point: 15 Jahre
Um im folgenden zu einer Abschätzung über den „break-even-point" zwischen den zwei Gebäudevarianten zu gelangen, werden die abiotischen und biotischen Rohmaterialien in ihren Mengenangaben direkt miteinander verglichen.Nach dem Bau der Gebäude hat die Stahlskelettversion eine um 1.364 t geringere Material-Intensität als der Kambium-Massivbau. Diese Differenz würde selbst im Laufe eines 120jährigen Betriebes nicht durch die verschiedenartigen Aufwendungen für die Instandhaltung der Gebäude ausgeglichen werden. Da aber die Energiebilanzen eine jährliche Differenz von knapp 95 t aufweisen, wird der systemweite „break-even-point" schon bei einer Lebensdauer von ca. 15 Jahren erreicht (siehe Abbildung 4). Die Material-Inputs der Instandhaltungsmaßnahmen tauchen in der systemweiten Bilanz erst nach 30, 60 bzw. 90 Jahren auf.

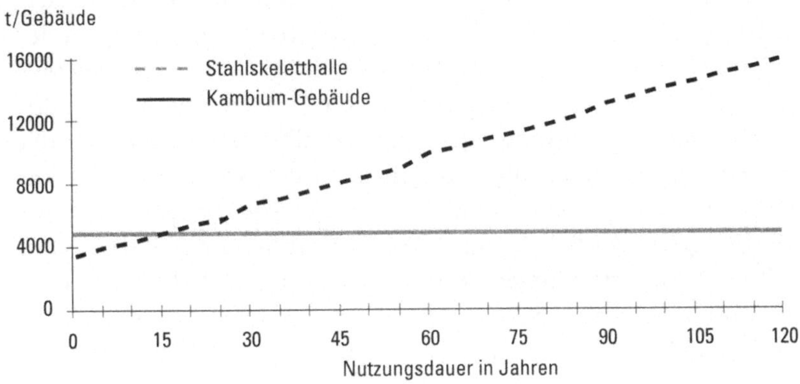

Abb. 4: Darstellung der Material-Intensitäten41 über die Nutzungsdauer

Der hiermit aufgezeigte Vergleich zweier Produktionsgebäude muß natürlich unter den eingangs beschriebenen Rahmenbedingungen betrachtet werden. Für einen Industriebau, gebaut und genutzt zur Holzverarbeitung ist bei konventioneller Bauweise (Stahlskelettbau) eine Klimaanlage notwendig. Der Energieverbrauch einer solchen Anlage bestimmt den systemweiten Materialverbrauch dieses Gebäudes erheblich. Nach Aussage des Geschäftsführers von Kambium ist der Massivbau von den Baukosten her denen einer Stahlhalle adäquat. Als Fazit kann hier festgehalten werden, daß sich die material-intensivere Bauweise des Massivbaues durch die material-schonendere Nutzungsphase systemweit sehr positiv, das heißt ressourcensparend ausgewirkt hat.

Für andere Industriebauten, die eine derartige Auslegung nicht benötigen, sind die zur Wahl stehenden Baumaßnahmen ebenso dienstleistungsspezifisch auszurichten und anhand ihrer Material-Intensitäten zu beurteilen. So kann sich zum Beispiel der Bau einer flexiblen, modularen Stahlskelettbauweise mit einer Photovoltaikanlage, einer Warmwasseraufbereitung oder einer Regenwassernutzungsanlage bei anderen Produktionsanlagen als vorteilhafter gegenüber dem bei Kambium verwendeten Sedumdach erweisen.

Unterfangungen[42]

Unterfangungen sind Baumaßnahmen, die zur Sicherung bestehender Bauwerke vorgenommen werden. Durch die Tiefergründung der Fundamente oder durch die Stützung des beteiligten Baugrundes werden Schäden an den Bauwerken verhindert. Die zentrale Zielsetzung der Unterfangungsplanung ist die Begrenzung der Setzungen bzw. die Vermeidung von Setzungsdifferenzen, die aus der Deformation des Baugrundes durch falsche Einschätzung des anstehenden Bodens, Absenken des Grundwasserspiegels oder Erschütterungen, Verdichtungen oder Bewegungen des Baugrundes resultieren. Unterfangungen können sehr unterschiedlich konstruiert werden und, wie im folgenden zu sehen sein wird, dabei sehr unterschiedliche Material-Intensitäten und Kosten hervorrufen.

Folgende Systeme werden in der Praxis angewandt:

- Hochdruckinjektion
- Patentiertes Pfahlsystem
- Schlitzwand
- Bohrpfahlwand
- Bodenvernagelung

Für diese verschiedenen Varianten wurden die Kosten und die Material-Intensitäten ermittelt[43] und in der Abbildung 5 vergleichend gegenübergestellt.

Deutlich zu sehen sind die Unterschiede sowohl in den Herstellungskosten als auch in den Material-Intensitäten. Die Variante der Bodenvernagelung ist das ökonomisch günstigste und ökologisch zweitgünstigste System. Die Material-Intensität liegt dabei nur geringfügig über der der Bohrpfahlwand (1,04 : 1), die ökonomischen Relationen liegen jedoch bei ca. 3,2 : 1. Bei einem solchen Ergebnis für Kosten und Material-Intensitäten fällt die Wahl leicht: die Bodenvernagelung ist die zu wählende Variante. Dabei ist zu beachten, daß hier nur ein Teil eines Bauvorhabens analysiert und optimiert wurde – notwendig ist eine systemweite Betrachtung. Dies Beispiel zeigt aber dennoch sehr eindrücklich, inwieweit eine vergleichende Darstellung der Kosten und der Material-Intensitäten zur Entscheidungsfindung beitragen.

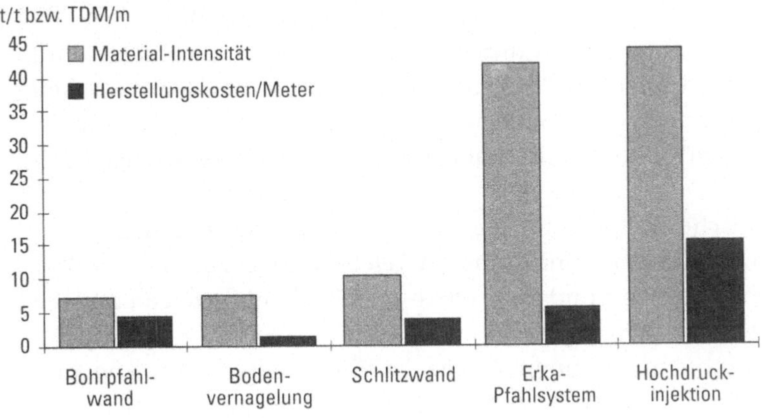

Abb. 5: Vergleich verschiedener Unterfangungsmethoden

Ein ökonomisch-ökologischer Systemvergleich kann für beliebige funktionsidentische, dienstleistungsgleiche Produkte angestellt werden, unter der Voraussetzung, daß die eingesetzten Stoffe und Energien (und deren Material-Intensitäten) sowie die ökonomischen Faktoren bekannt sind. Die Entscheidungsfindung bei der Produktkonzeption und -auswahl und der Prozeßplanung wird durch diese Art der Gegenüberstellung erleichtert.

2.2 Informationsbereitstellung: die Medien Papier und Computer

Das Dienstleistungsangebot einer umfangreichen Datenmenge für eine große Anzahl von Interessenten kann auf sehr unterschiedliche Art und Weise erfolgen. Die klassischen Varianten sind bis heute v.a. gedruckte Nachschlagewerke, Werbezettel und Plakate und die Medien Zeitung, Rundfunk und Fernsehen. Nachschlagewerke und auch Teile von Zeitungen werden seit einigen Jahren zunehmend durch elektronische Medien ersetzt. Hierbei muß zwischen elektronischen Datenträgern (v.a. der CD-ROM) und online-Angeboten (Internet, T-online etc.) unterschieden werden. Bislang werden diese elektronischen Daten-Dienstleistungen allerdings noch zusätzlich zu den herkömmlichen Systemen angeboten, da sowohl die notwendige Infrastruktur (Netze, PC-Zugang) unzureichend vorhanden als auch der Umgang mit diesen Medien oft noch sehr ungewohnt ist. Da die Anbietung der Datenmenge durch die elektronischen Medien aber sehr viel komfortabler ist, kann hier von einer zunehmenden Verbreitung innerhalb der nächsten Jahre ausgegangen werden[44].

Klassische Beispiele für die Bereitstellung einer umfangreichen Datenmenge in Papierform sind die Telefonbücher zum Beispiel der Deutschen Telekom und die Stellen- oder Verkaufsanzeigen und die Aktienkurse in den Tageszeitungen:

Telefonbücher können in regelmäßigen Abständen von den Anschlußteilnehmern bezogen werden und liegen zusätzlich zum Beispiel in Telefonzellen und Postämtern aus. Als Alternative hierzu sind die Anschlußdaten auch auf CD-ROM zu erhalten bzw. online abzufragen (zum Beispiel in Frankreich durch das sog. Minitel[45]).

Aktienkurse werden in nahezu allen Tageszeitungen in unterschiedlichem Umfange an 5 Tagen pro Woche abgedruckt. Der hieran, ebenso wie an Stellen- und Verkaufsanzeigen, interessierte Teil der Leserschaft ist verhältnismäßig klein; aus produktionstechnischen, logistischen und ökonomischen Gründen werden aber diese Informationen in der gesamten Zeitungsauflage abgedruckt. Bei dem an den Aktienkursen interessierten Personenkreis handelt es sich in der Regel um Personen, die Zugriff auf online-Dienste haben, wo diese Kurswerte schon heute aktueller und komfortabler abgefragt werden können. In naher Zukunft kann daher davon ausgegangen werden, daß zunehmend das Abdrucken der Aktienkurse in den allgemeinen Tageszeitungen durch diese online-Dienste ersetzt werden wird. Wobei hier natürlich zu beachten ist, daß der Leseort eine entscheidende Rolle spielt. So können Zeitungen immer und fast überall gelesen werden, was von einen Zugang zu online-Diensten nicht gesagt werden kann.

Um bei der Konzeption und (Weiter-) Entwicklung alternativer, elektronischer Dienstleistungsangebote ökologischen Fehlentwicklungen vorzubeugen, sollten schon heute die Umweltbelastungspotentiale, also die Material-Intensitäten dieser Anbietungsvarianten miteinander verglichen werden. Exemplarisch wurden hierzu für die Bereitstellung von Telefonbüchern und von Aktienkursen in Tageszeitungen die jährlichen Material-Inputs für das Gebiet der Bundesrepublik Deutschland abgeschätzt, um an diesen Werten den Vergleich zu orientieren[46]:

- Unter der Annahme von ca. 1,2 kg *Telefonbücher* pro Jahr und Anschluß[47], ergeben sich für die 35 Mio. Telefonanschlüße in Deutschland ca. 42.000 t solcher Druckwerke. Bei einem Aufschlag von ca. 25 Prozent für weitere bzw. zusätzliche Ausgaben[48] ergibt sich eine Gesamtmenge von ca. 52.500 t. Bei einem MI-Wert von 16 t/t für Recyclingpapier[49] ergibt sich somit ein jährlicher Material-Input von ca. 840.000 Tonnen abiotischer Rohmaterialien.
- Unter der Annahme einer durchschnittlich mit *Aktienkursen* belegten Zeitungsmenge für das Verbreitungsgebiet der Bundesrepublik Deutschland von ca. 45 t pro Tag oder ca. 11.600 t pro Jahr ergibt sich bei einem MI-Wert von 16 t/t für Recyclingpapier ein jährlicher Material-Input von ca. 186.000 Tonnen abiotischer Rohmaterialien.

Diese, ohne einen direkten Bezug oder Vergleich wenig aussagekräftigen Material-Intensitäten stellen die für die Auswahl verschiedener (elektronischer) Anbietungsalternativen nicht zu überschreitenden Maximalwerte dar. Anders ausgedrückt: bei der Entwicklung oder Konzeption von alternativen Methoden zur herkömmlichen Darbietung von Telefonanschlußdaten oder Aktienkursen sollte die systemweite Material-Intensität den genannten MI-Wert nicht überschreiten. Die systemweit niedrigere Material-Intensität weist diejenige Variante aus, die das Dienstleistungsbündel umweltschonender zur Verfügung stellt.

Leider ist es bislang aufgrund verschiedener Parameter aber noch nicht möglich, die Material-Intensität von CD-ROMs oder einer bestimmten Dienstleistung der online-Anbieter zu bestimmen. Dies liegt u.a. daran, daß über die Herstellungsprozesse zum Beispiel der CDs nur unzureichend Daten vorliegen, daß die Betriebsaufwendungen für Netzwerke und deren Dienstleistungsangebote unklar sind oder daß die einzelnen Dienstleistungen nur schwer aus dem globalen System der Netzwerke herausisoliert und damit berechnet werden können. Hier sind für die nächsten Jahre dringend weitere Studien notwendig.

Bekannt sind dagegen Energieverbrauchsangaben für die Nutzung von PCs (ca. 150 W/h[50], was einem MI-Wert von 0,7 kg/h entspricht) und neueste Abschätzungen[51] ergeben, daß die lebenszyklusweite Material-Intensität einer PC-Einheit (Rechner, Monitor und Tastatur) mindestens zwischen 16 und 20 t pro Gerät liegt. Welche Material-Intensität die Infrastruktureinrichtungen der Datenleitungsanbieter haben, kann bisher ebenso nicht abgeschätzt werden, wie die Anzahl der ausschließlich für die online-Dienste genutzten PCs. Viele PCs werden multifunktional und in sehr unterschiedlicher Intensität genutzt, ebenso kann die zeitliche Inanspruchnahme der Leitungsnetze für bestimmte, selektive Dienstleistungen nicht ermittelt werden. Es kann aber angemerkt werden, daß, wenn PCs für die Abfrage entsprechender Daten (Telefonanschlüsse oder Aktienkurse o. dgl.) via online-Dienst extra angeschaltet werden, das heißt nicht zum Beispiel innerhalb eines geschäftlichen Dauerbetriebes für diese Dienstleistung genutzt werden, die Papiervariante weiterhin vorzuziehen ist. Im Zusammenhang der Nutzungsintensitäten und -möglichkeiten sind die an den Verbrauch von elektrischer Energie und die Benutzung von hochkomplexen Produkten angewiesenen Daten-Dienstleistungen weiterhin sehr detailliert und aufmerksam zu betrachten. Je größer das jeweils durch ein elektronisches Medium zur Verfügung gestellte und vor allem abgefragte Dienstleistungsbündel ist, um so eher kann hier eine ökologisch sinnvolle Alternative entstehen. Die „fixen" Material-Intensitäten der Infrastrukturen und der Produkte müssen durch eine Steigerung der Dienstleistungs-Abfrage, auf entsprechend viele Serviceeinheiten verteilt werden.

Jüngste Erfahrungen sollten hier als Beispiel dienen: In der Vergangenheit wurde u.a. mit den technischen Neuentwicklungen auf dem Gebiet der Datenverarbeitung und der Informationstechnologie (zum Beispiel PC, Drucker, Kopierer) zum Beispiel auf eine dadurch zu realisierende Reduktion des Papierverbrauchs (das „papierlose Büro") hingewiesen. Entgegen dieser Prognosen hat die Entwicklung der elektronischen Medien bislang zu einem Anstieg der Papierberge geführt[52]. So hat sich der deutsche Papierverbrauch von 1975 bis 1995 mehr als verdoppelt, was u.a. auf einen Mehrverbrauch in der internen Bürokommunikation zurückzuführen ist. Hier belegt eine Untersuchung, daß zwischen 1986 und 1990 die Nutzung an ausgedruckten Seiten um 60 Prozent (!) gestiegen ist.[53]

Um weitere „Fehlentwicklungen" dieser Art zu vermeiden, ist ein umfassendes Ressourcenmanagement notwendig, welches schon bei der Konzeption, also vor der Markteinführung, Aussagen über die umweltbezogenen Aspekt derartiger Entwicklungen ermöglicht. Zukunftsfähig wird eine Informationsvermittlung sein, die die Dienstleistungen aller Informationsträger so nutzt, daß weltweit eine möglichst ressourcenschonende Kommunikation erfolgt.

3. Ausblick

In den vorangegangenen Kapiteln wurde auf sehr unterschiedliche Art und Weise gezeigt, wie öko-intelligentes Produzieren bzw. wie öko-intelligente Produkte gestaltet werden können. Innerhalb der gezeigten Beispiele wurden einzelne, zum Teil sehr unterschiedliche Abschnitte des Lebenszykluses optimiert, wodurch Dematerialisierungen um einen Faktor 2 bis 5 erreicht werden. Dies läßt erwarten, daß bei systemweiter Konzeption Dematerialisierungs-Faktoren von > 10 durch die Verknüpfung von Einzelfaktoren erreicht werden können. Systeme können aus sehr vielen verschiedenen Modulen aufgebaut werden, die jeweils auf ihre eigene, spezifische Weise zu optimieren sind. Dabei kann es sich sogar als notwendig erweisen, an einigen Stellen eine höhere Material-Intensität zu „investieren", wenn dadurch der systemweite Stoffdurchsatz reduziert werden kann.

Reduktionen der Material-Intensitäten in den Anfängen der Produktionsketten – zum Beispiel bei den verwendeteten Bau- und Werkstoffen und bei den Energieträgern – tragen im besonderen Maße zur Steigerung der Ressourcenproduktivität bei. Werden zum Beispiel vermehrt sekundär erzeugte Werkstoffe[54] oder alternative Energien[55] in der Produktion eingesetzt, so können hierdurch drastische Verringerungen der MI-Werte erzielt werden. Ebenso führt in der Regel die vermehrte Kreislaufführung und die längere Nutzung von Produkten oder Produktteilen zu einer Absenkung der Material-Intensitäten.[56] Das MIPS-Konzept liefert dabei einen wichtigen Beitrag zur produktlinienweiten Kalkulation der Ressourcenverbräuche. Erst diese Kennziffer ermöglicht es den Konstrukteuren, Produktions-Ingenieuren oder Einkäufern innerhalb ihrer täglichen Arbeit die ökologisch richtigen Entscheidungen zu treffen.

Die oben vorgestellten Beispiele sollen durch ihre Verschiedenheit Anregungen für weitere, öko-intelligente Entwicklungen und Überlegungen bieten. In unterschiedlicher Ausführlichkeit sind die Problem-Betrachtung und -Analyse, aber auch der weitere Forschungsbedarf aufgezeigt und diskutiert worden. Wir hoffen, hiermit einige Anregungen zu diesem Thema geliefert zu haben und würden uns freuen, von neuen Produkt- oder Dienstleistungsbeispielen auf dem Weg zu einer zukunftsfähigen Wirtschaft zu hören.

Huncke: Herzlichen Dank, Herr Merten, für Ihren sehr informativen Vortrag. Ich bedaure es außerordentlich – und Schuld ist letztlich immer der Moderator, wenn die Zeit nicht reicht –, daß wir Ihren Beitrag nicht mehr diskutieren können. Wir haben noch einen wichtigen Vortragsredner: Herrn Professor Dr. Franz Lehner, Präsident des Instituts Arbeit und Technik, den ich hiermit sehr herzlich begrüße und dem ich gleich das Wort erteilen werde. Einige Teilnehmer unseres Workshops haben mich gebeten, die Veranstaltung pünktlich zu beenden, weil sie am Abend noch wichtige Terminverpflichtungen haben. Und da alle sehr lange ausgehalten haben, was ja auch der Qualität des Workshops nützt, möchte ich dem Wunsch der Teilnehmer nachkommen und wirklich pünktlich die Veranstaltung schließen. Ich hoffe, daß Sie dafür Verständnis haben und möchte noch einmal ausdrücklich mein Bedauern zum Ausdruck bringen, daß die Diskussion entfällt.

Anmerkungen

1 Schmidt-Bleek, F. (1996): Eine Seite MIPS. Wuppertal Institut, 1996
2 Schmidt-Bleek, F. (1996): a.a.O.
3 Der größte Teil in Form von verbauten Steine und Erden und importierten Grundmaterialien für längerlebige Produkte.
4 Bringezu, S, Schütz, H.: Analyse des Stoffverbrauchs der deutschen Wirtschaft. in: Köhn, J., Welfens, M. (Hrsg.): Neue Ansätze in der Umweltökonomie. Marburg: Metropolis-Verlag, 1996
5 Schmidt-Bleek, F. und Bierter, W. (1996): Faktor 10. Perspektiven nachhaltiger Formen von Produktion, Beschäftigung und Verbrauch. in: Schulte, D. (Hrsg.): Arbeit der Zukunft. Köln: Bund Verlag, 1996
6 Schmidt-Bleek, F. und Bierter, W. (1996): a.a.O.
7 Dies gilt im besonderen für das weiterverarbeitende Gewerbe, weniger für die Grundstoffindustrie.
8 Schmidt-Bleek, F.; Tischner, U. (1995): Produktentwicklung. Nutzen gestalten – Natur schonen. Wirtschaftsförderungsinstitut der Wirtschaftskammer Österreich. Wien, 1995
9 Schmidt-Bleek, F. (1994a): Wieviel Umwelt braucht der Mensch? MIPS – Das Maß für ökologisches Wirtschaften. Basel, Boston, Berlin: Birkhäuser Verlag, 1994
10 Schmidt-Bleek, F. (1994&95): Factor 10 Club – Carnoules Declaration, Wuppertal Institut 1994&95
11 vgl. grundlegend:
Schmidt-Bleek, F. (1994a): a.a.O.
Schmidt-Bleek, F. (1994b): Gedanken über eine neue Dimension des Umweltschutzes. Wie erreichen wir eine zukunftsfähige Wirtschaft? Wuppertal Paper Nr. 24, 1994
Schmidt-Bleek, F. (1994c): Die Dematerialisierung der Wirtschaft. in: Jahrbuch für Umwelttechnik und ökologische Modernisierung, Umwelt 93/94. Media-Partner-Verlagsagentur, Gütersloh.
Schmidt-Bleek, F. (1994d): Die Nanogramme und die Megatonnen. Redaktion Universitas, Stuttgart.
Schmidt-Bleek, F.; Tischner, U. (1995): Produktentwicklung. Nutzen gestalten – Natur schonen. Wirtschaftsförderungsinstitut der Wirtschaftskammer Österreich. Wien, 1995
Hinterberger, F., Luks, F., Stewen, M.(1996): Ökologische Wirtschaftspolitik – Zwischen Ökodiktatur und Umweltkatastrophe, Birkhäuser, Berlin, Basel, Boston.
12 Schmidt-Bleek, F. (1994a): a.a.O.
13 vgl. Liedtke, C.; Manstein, C.; Bellendorf, H.; Kranendonk, S. (1994): Öko-Audit und Ressourcenmanage-ment. Wuppertal Papers Nr. 18, 1994.
14 vgl. u.a.:
Merten, T.; Liedtke, C.; Schmidt-Bleek, F. (1995): Materialintensitätsanalysen von Grund-, Werk- und Baustoffen (1). Die Werkstoffe Beton und Stahl. Materialintensitäten von Freileitungsmasten. Wuppertal Papers Nr. 27, 1995.

Rohn, H.; Manstein, C.; Liedtke, C. (1995): Materialintensitätsanalysen von Grund-, Werk- und Baustoffen (2). Der Werkstoff Aluminium. Materialintensität von Getränkedosen. Wuppertal Papers Nr. 37, 1995.

Schmidt-Bleek, F.; Liedtke, C. (1995a): Kunststoffe – ökologische Werkstoffe der Zukunft? Vortrag auf dem Symposium Kunststoff. Frankfurt 27./28. Juni 1995.

15 Die Methodik der Materialintensitätsanalyse wurde ausführlich in Schmidt-Bleek, F. (Hrsg.) (1996): MAIA – Handbuch zur Materialintensitätsanalyse nach dem MIPS-Konzept. Wuppertal Institut, 1996 dokumentiert

16 Gotsche, B. (1995): Wertschöpfungsanalyse der deutschen Stahlindustrie. Wuppertal Papers Nr. 36, 1995

17 z.B. der Einbau von Katalysatoren in PKWs, ohne dabei gleichzeitig Verbrauchssenkungen zu fordern

18 Liedtke, C.; Hinterberger, F.; Merten, T.; Schmidt-Bleek, F. (1993): a.a.O.

19 Hinterberger, F. und Stahel, W. (Hrsg.) (1997): Eco-efficient services. Kluwer-Verlag, Boston 1997 (in Vorbereitung).

20 Landesanstalt für Umweltschutz Baden-Württemberg (Hrsg.): Handbuch Abfall 1.

Projektleitung: W.R. Stahel, Institut für Produktdauerforschung, Genf/Schweiz und

Deutsch, C.: Abschied vom Wegwerfprinzip. Stuttgart: Schäffer-Poeschel Verlag, 1994

21 ebenda

22 die in Deutschland verwendeten 600 Mio. Mehrwegputztücher vermeiden ca. 60.000 t Sondermüll jährlich

23 Schmidt-Bleek, F. und Tischner, U. (1995): a.a.O.

24 Schmidt-Bleek, F., Liedtke, C (1995b): Umweltpolitische Stichworte. Wuppertal papers Nr. 30, 1995

25 Landesanstalt für Umweltschutz Baden-Württemberg (Hrsg.): a.a.O.

26 Dieses System, bei dem der Hersteller/Händler Eigentümer der Chemikalien bleibt, weist dahingehend ökologische Vorteile auf, daß die Stoffe vermehrt im Kreislauf geführt werden und damit weniger die Deponien belasten. Der Händler kann aufgrund genauer Kenntnis über die Zusammensetzung der zurückgenommenen (Abfall-)Stoffe und deren regelmäßig anfallenden Mengen für ein effektives Recycling sorgen. Der Nutzer der Chemikalien ist dabei von der Entsorgung dieser Stoffe befreit.

27 Landesanstalt für Umweltschutz Baden-Württemberg (Hrsg.): a.a.O.

28 Liedtke, C., Zieschang, H., Schmidt-Bleek, F. (1996): Die Werkstoffe und ihre Rucksäcke – eine Übersicht. in: Bauen und Wohnen, Bausteine zum Schließen einer ökologischen Innovationslücke. Materialsammlung, Wuppertal Institut, Abt. Stoffströme und Strukturwandel, 1996

29 Schmidt-Bleek, F. (1994a): a.a.O.

30 vgl. Schmidt-Bleek, F. (Hrsg.) (1996): a.a.O.

31 Liedtke, C., Nickel, R., Rohn, H., Tischner, U. (1995): Öko-Audit und Ressourcenmanagement bei dem Unternehmen Kambium Möbelwerkstätte GmbH, Wuppertal Institut: Endbericht, 1995 im Auftrage des Ministeriums für Umwelt, Raumordnung und Landwirtschaft des Landes NRW und

Liedtke, C. und Nickel, R. (1996): Eine neue Stahl-Welt. in: Umwelt-Wirtschafts-Forum, 2/96, S. 52-55

32 Im Sommer (bei hochstehender Sonne) schützt das tiefgezogene Dach vor übermäßiger Aufheizung des Gebäudeinneren.
33 Mohr, H. und Nitschke, M.: Vergleich verschiedener Gebäudekonzeptionen aus ökonomischer und ökologischer Sicht. BUGH Wuppertal: Diplomarbeit 1995
34 Mohr, H. und Nitschke, M.: a.a.O.
35 Die Aufwendungen für das Auswechseln der Fenster und Türen wurde hier ausgeklammert, da diese bei beiden Gebäudetypen zu gleichen Materialverbräuchen führen.
36 Diese MI-Werte ergeben sich durch die Verknüpfung der Instandhaltungsaufwendungen mit den entsprechenden MI-Werten der jeweiligen Werkstoffe.
37 Pro Instandhaltungsintervall von 30 Jahren sind dies 302 t.
38 Liedtke, C., Nickel, R., Rohn, H., Tischner, U. (1995): a.a.O. und Liedtke, C., Zieschang, H., Schmidt-Bleek, F. (1996): a.a.O.
39 Zum Zeitpunkt des „break-even-points" haben beide Gebäudevarianten exakt die gleiche Material-Intensität.
40 Hier sind nur die sich aus dem Betrieb und der Instandhaltung ergebenden Differenzen zwischen den Gebäudevarianten aufgeführt.
41 Aufgezeigt sind nur die MI-Werte der aufgelisteten Instandhaltungsmaßnahmen und die jährlichen Unterschiede innerhalb der Energieaufwendungen. Alle weiteren Material-Inputs während der Nutzungsphase sind bei beiden Gebäudetypen gleich, so daß sich dadurch der „break-even-point" nicht verlagert.
42 Follmann, F.-J. und Schröder, T.: Vergleichende Untersuchung von Unterfangungsmethoden aus konstruktiver Sicht und unter Anwendung der Verfahren des Umweltrechnungswesens. BUGH Wuppertal, Diplomarbeit, 1994 und Liedtke, C. und Schmidt-Bleek, F. (1996): Stahl – ökologisch, praktisch, gut. in: Bauen und Wohnen, Bausteine zum Schließen einer ökologischen Innovationslücke. Materialsammlung, Wuppertal Institut, Abt. Stoffströme und Strukturwandel, 1996
43 Follmann, F.-J. und Schröder, T.: a.a.O.
44 Hier sei nur die Suche nach Namen, Firmen oder Orten erwähnt. Der Übergang in die Informationsgesellschaft wird ebenfalls zu einer weiteren Verbreitung der elektronischen Medien und Dienste beitragen.
45 Dieses „Minitel" ist ein in Frankreich seit Anfang der 80er Jahre existierendes System, mit dem die Telefonanschlußdaten per Terminal vom Zentralrechner abgerufen werden können. Zusätzlich werden derzeit bis zu 26.400 weitere Dienstleistungen über dieses Netzwerk angeboten.
46 Die Material-Intensitäten der Transporte von den Druckereien zu den Verkaufsstellen und von dort in die Haushalte müßte hier mit in die Betrachtung aufgenommen werden. Da diese Daten aber nur unzureichend vorliegen, sind die angegebenen Werte als Minimumwerte zu betrachten.
47 Diese Annahme basiert auf eigenen Schätzungen.
48 z.B. für Mehrstellenanschlüsse, für Postämter und für öffentliche Telefonzellen
49 Dieser MI-Wert gilt für Papier, welches zu 75% aus Recyclingpapier und zu 25% aus industriellem Abfallholz hergestellt wird. Damit wird berücksichtigt, daß nicht alle Telefonbücher und Zeitungen nach dem Gebrauch wieder in den Recyclingkreislauf zurückgeführt werden.
50 Das oben erwähnte "Minitel" verbraucht aufgrund seines andersartigen Aufbaues dagegen nur 35 W/h.

51 Malley, J., Hokkeler, M., Bonniot, O., Merten, T., Schmidt-Bleek, F.: Chancen und Risiken der Telekommunikation auf der Basis einer nachhaltigen Entwicklung. Wuppertal Institut: Bericht im Auftrage der Deutschen Telekom AG, in Vorb. und Merten, T., Malley, J., Hokkeler, M., Bonniot, O.: Material-Intensitäts-Analyse eines PCs (Arbeisttitel). Wuppertal Institut, in Vorb.

52 Malley, J., Hokkeler, M., Bonniot, O., Merten, T., Schmidt-Bleek, F.: a.a.O.

53 Herman. R. et al: Technology and Environment. Washington: National Academy Press, 1989

54 So ist der MI-Wert von recyceltem Kupfer nur 8 t/t, gegenüber ca. 1.200 t/t bei primärem Kupfer

55 Durch den Einsatz einer Windkraftanlage konnte die Material-Intensität der Strombereitstellung bei dem Unternehmen Kambium von 4,6 t/MWh (Bezug aus dem öffentlichen Netz) auf 0,3 t/MWh (WKA) abgesenkt werden. aus: Liedtke, C., Nickel, R., Rohn, H., Tischner, U. (1995): a.a.O. und Manstein, C. (1995): Das Elektrizitätsmodul im MIPS-Konzept, Wuppertal Institut: Wuppertal Paper Nr. 51, 1995

56 vgl. u.a.:
Schmidt-Bleek, F. und Bierter, W. (1996): a.a.O.

Franz Lehner

Franz Lehner

Die ökologische Innovationslücke

Trotz der weit verbreiteten Einsicht in die Notwendigkeit einer ökologischen Trendwende in der Wirtschaft bleibt „zukunftsfähige" Wirtschaft eine Vision, die zwar viel diskutiert wird, aber nur in wenigen, zögerlichen Ansätzen umgesetzt wird. Das liegt sicher auch daran, daß das Konzept einer „zukunftsfähigen" oder „nachhaltigen" Wirtschaft mit vielen Ungewißheiten und Ungereimtheiten und mit noch mehr Problemen verbunden ist.

Vor allem aber haben wir es mit einer mehrfachen ökologischen Innovationslücke zu tun. Das reale ökologische Innovationsgeschehen in Wirtschaft und Politik bleibt hinter den wirtschaftlichen und technischen Möglichkeiten deutlich zurück. Aber auch wissenschaftliche und gesellschaftliche Debatten um eine zukunftsfähige Wirtschaft sind stark in überkommenen Denkstrukturen und Konfliktmustern befangen.

Wir starr und wenig innovativ bei uns Debatten und reale Entwicklungen sind, läßt sich schon daran erkennen, daß bei uns zwischen Wachstum und Beschäftigung einerseits und Umweltschutz andererseits vielfach ein scharfer, kaum überbrückbarer Gegensatz gesehen wird. Das gilt einerseits für viele Unternehmer, viele Arbeitnehmer und Gewerkschaftler, die in „überzogenen" ökologischen Forderungen massive Hemmnisse und Nachteile für Wirtschaft und Arbeitsplätze sehen. Das gilt andererseits aber auf für viele Umweltschützer, die davon ausgehen, daß nur durch eine drastische Begrenzung von Wachstum und von Erwerbsarbeit eine ökologisch verträgliche Wirtschafts- und Lebensweise gefunden werden kann.

Dieser scheinbare Gegensatz von Ökonomie und Ökologie führt uns immer mehr in eine Sackgasse, in der es weder für die Ökologie noch für die Ökonomie eine vernünftige und längerfristig tragfähige Entwicklung gibt. Er verstärkt damit genau die Tendenzen, die heute schon die Wurzel der meisten unserer ökologischen und ökonomischen Probleme bildet – ein Denken und Handeln in überkommenen Strukturen.

Die Realität hat uns längst andere Wege gelehrt. Sie hat uns gezeigt, daß Ökologie nicht nur kein Hemmnis für Wachstum und Beschäftigung sein muß, sondern sogar ein wichtiger Motor für

Wenn ich das wüßte, wäre ich wahrscheinlich nicht mehr Präsident des IAT …

Wachstum und Beschäftigung sein kann. Das zeigen Erfahrungen aus Regionen und Branchen, aber auch aus einzelnen Unternehmen.

Amerikanische Untersuchungen zeigen, daß die Bundesstaaten, die besonders hohe ökologische Standards anwenden, sich auch wirtschaftlich günstiger entwickeln als diejenigen mit „wirtschaftsfreundlicherer“ Regulierung. Mit anderen Worten: Schärfere Ökologie bewegt etwas, schafft Innovationen.

Für Oregon zeigt eine Untersuchung führender regionaler Wirtschaftswissenschaftler, daß die Einführung harter Regulierung, durch die die naturverbrauchende Industrie massiv eingeschränkt wurde, zur Entwicklung neuer High-Tech-Industrien und einem nachhaltigen Strukturwandel geführt hat.

Auch im Ruhrgebiet und in Nordrhein-Westfalen haben wir ähnliche Erfahrungen gemacht. Die frühe und im Vergleich zu anderen Regionen radikalere Inangriffnahme von Umweltproblemen hat hier zur Entwicklung einer Umweltindustrie geführt, die eines der wenigen wirklich gelungenen Stücke „Strukturwandel im Ruhrgebiet“ darstellen. Der Umweltschutz hat 100 000 neue Arbeitsplätze geschaffen.

Auch viele Beispiele aus Unternehmen vermitteln genau die gleiche Botschaft: Eine frühzeitige und weitreichende Lösung ökologischer Probleme kann viele positive wirtschaftliche Impulse vermitteln. Das wird jetzt wieder in einer interessanten Publikation

... sondern Unternehmensberater und binnen kürzester Zeit ein steinreicher Mann.

belegt, in einem Buch von Claude Fussler, Vizepräsident von Dow Chemicals Europe.

Die Beispiele aus der Praxis machen deutlich, daß wir heute schon mit verfügbaren technischen und organisatorischen Lösungen die ganzen Emissionen und vor allem den Verbrauch von Rohstoffen, Energie und Fläche drastisch senken könnten, ohne daß dadurch wirtschaftliche Nachteile entstünden. Gerade der Vergleich mit bester Praxis belegt, daß die realen ökologischen Veränderungen bei den meisten Unternehmen weit hinter den wirtschaftlichen und technischen Möglichkeiten zurückbleiben.

Wir haben es in weiten Teilen der Wirtschaft in Deutschland und in anderen Ländern mit einer großen ökologischen Innovationslücke zu tun. Diese Lücke hat unterschiedliche Ursachen. Für Deutschland zeigt eine Untersuchung von Professor Bürklin von der Universität Potsdam, daß die deutschen Eliten im Gegensatz zu früher eine sehr geringe Risikobereitschaft haben und deshalb generell auch wenig innovationsfreudig sind. Das deckt sich mit den Analysen zur Innovationsschwäche in der deutschen Wirtschaft. Sie ist, wie viele Studien belegen, keine Schwäche der Technologie, sondern der Umsetzung und der Kommerzialisierung. Das Management klammert sich an Tradition, an den sicher scheinenden Grund.

In diesem Zusammenhang muß man allerdings einräumen, daß die politischen Rahmenbedingungen für die Wirtschaft wenig Anreize schaffen, ökologische Probleme innovativ anzugehen. Die starke Orientierung der Umweltgesetzgebung am Stand der Technik, die geringe Verläßlichkeit und die häufig hohe Komplexität, die die einschlägige Regulation in Deutschland prägen, wirken sich als erhebliches ökologisches Innovationshemmnis aus. Auch die unübersehbare Halbherzigkeit, mit der alle Parteien, einschließlich der Grünen, die sogenannte ökologische Steuerreform betreiben, ist eher Innovationshemmnis als ein Innovationsanreiz.

Auch in der Politik gibt es also eine große ökologische Innovationslücke. Das kann eigentlich nicht überraschen. In einer Zeit, in der die Beschäftigung zu einem so großen Problem geworden ist und in der wissenschaftliche und öffentliche Debatten immer noch von dem vermeintlichen Gegensatz zwischen Beschäftigung und Umweltschutz beherrscht sind, ist die generell nicht sehr innovationsfreudige Politik sicher nicht der erfolgversprechendste Adressat für Forderungen nach innovativem Handeln.

Betrachtet man die gegenwärtigen wirtschaftlichen und politischen Debatten um den Umweltschutz und die wirtschaftliche Entwicklung, dann drängt sich der Verdacht auf, daß die wirklich große Innovationslücke in der Wissenschaft besteht.

Die große Lücke im Denken ökologischer Wissenschaft

Es sind nicht zuletzt wissenschaftliche Debatten, die den Gegensatz von Beschäftigung und Umweltschutz immer wieder anfachen – zum Beispiel, wenn sie aus ökologischen Gründen eine drastische Reduzierung der Erwerbsarbeit fordern oder wenn sie immer wieder altbekannte Thesen von den ökologischen Grenzen des Wachstums strapazieren.

Besonders problematisch ist jedoch die große Lücke, die im Denken ökologischer Wissenschaft klafft zwischen ganz pragmatischen Konzepten eines machbaren Umweltschutzes, der wenig Innovationsimpulse zu vermitteln mag, und sehr visionären Entwürfen, die nicht operationalisiert sind – zum Beispiel die große Lücke zwischen „Faktor 4“, den Ernst Ulrich von Weizsäcker vertritt, und den „Neuen Wohlstandsmodellen“ im Wuppertal Institut, die eine Veränderung der Lebensstile fordern.

Was wir brauchen, ist eine wirtschaftlich machbare und wirtschaftlich breit umsetzbare, aber *radikale Ökologie*, die dem Stand der Technik weit vorausgreift. Lösungen, die sich auf oder unter dem Stand der Technik bewegen, erzeugen für die Wirtschaft häufig bloß Kosten, vermitteln aber wenig oder nichts an wirtschaftlichen Innovationsimpulsen. Radikale Lösungen, die dem Stand der Technik in einer verläßlichen und überschaubaren Weise vorausgreifen, erzeugen zwar auch Kosten, vermitteln aber Innovationsimpulse, aus denen beträchtliche Wachstums- und Beschäftigungsanstöße entstehen. Daneben brauchen wir Standards für die nächsten 15 Jahre, die die Unternehmen in Stand setzen, eine zukunftsfähige Strategie zu entwickeln. Dies hilft mehr, als von einem 2,8-Liter-Auto zu träumen.

Das neue Ziel: Problemlösendes Wachstum

Ein besonders interessanter Ansatz für solche Strategien ist die rasche und durchgreifende *Steigerung der Ressourcenproduktivität* in den entwickelten Volkswirtschaften.

Die industrielle Produktion in den entwickelten Volkswirtschaften ist bekanntlich mit riesigen Stoffströmen und einem hohen Verbrauch von Energie und Rohstoffen verbunden. Das ist weder ökologisch noch wirtschaftlich tragbar. Ökologisch notwendig ist vielmehr eine rasche Senkung des Ressourcenverbrauchs, die jedoch wirtschaftlich und sozial nur tragfähig ist, wenn sie über eine massive Erhöhung der Ressourcenproduktivität erreicht werden kann. Es muß uns gelingen, ähnliche Produktivitätssprünge, wie wir sie in den letzten 20 Jahren für die Arbeit erreicht haben, jetzt bei den Ressourcen zu schaffen.

Damit ließe sich eine Effizienzrevolution in Gang setzen, die wirtschftlich außerordentlich produktiv sein könnte. Es ließen sich damit nicht nur Produktionskosten vieler Unternehmen deutlich senken und ihre Wettbewerbsfähigkeit erhöhen, sondern vor allem technische und soziale Innovationen erzeugen, durch die sich neue Märkte und neue Geschäftsfelder erzeugen lassen. Das ist das, was wir „problemlösendes Wachstum" nennen.

Um das zu erreichen, dürfen wir nicht beim Faktor 4 stehenbleiben, sondern sollten versuchen, möglichst rasch Faktor 10 zu realisieren. Dazu müßten wir jedoch – um das noch einmal zu unterstreichen – erst einmal operationale Strategien entwickeln, mit denen sich eine Brücke von dem machbaren und damit wenig innovativen Faktor 4 zu dem bisher eher visionären, noch nicht operationalen Faktor 10 schlagen läßt, um diesen innovativ wirksam werden zu lassen. Wenn es uns gelingt, auf breiter Basis – nicht allein im Modellfall – dies durchsetzen, haben wir eine Chance, in Richtung öko-intelligentes Produzieren und Konsumieren zu gelangen.

Öko-intelligentes Produzieren und Konsumieren ist ein großer Slogan und ein noch größeres Ziel. Dieses Ziel wird man nicht erreichen können, wenn man dabei vor allem an die Menschen appelliert, vieles von dem aufzugeben, was bisher ihre Lebensweise und ihre Lebensqualität ausgemacht hat. Ein grundlegender Wertewandel läßt sich zwar leicht fordern, aber nur extrem schwer realisieren. Selbst die von meinem Freund Ronald Inglehart in den siebziger Jahren postulierte „stille Revolution" ist schließlich nicht über die Prosperitätsgenerationen der Nachkriegsjahre hinausgekommen.

Was man braucht, um öko-intelligentes Produzieren und Konsumieren zu realisieren, sind innovative, aber wirtschaftlich machbare Lösungen, die sich innerhalb der bestehenden Systemgrenzen und ihrer Veränderbarkeit breit umsetzen lassen müssen. Das häufige Fehlen solcher Lösungen markiert die Innovationslücke, um deren Schließung wir uns vordringlich bemühen müssen. Hier ist das Wissenschaftszentrum Nordrhein-Westfalen besonders gefordert.

Huncke: Vielen Dank, Herr Lehner. Sie haben ja vor allen Dingen auch der Industrie gute Ratschläge gegeben. Herr Happich, was denken Sie darüber?

Happich: Gute Ratschläge schon, aber sie sind mir nicht konkret genug. Ich glaube, daß wir die Öko-Pioniere brauchen.

Der Vortrag von Professor Braess hat uns gezeigt, daß viele Ideen und Konzepte, die in der Öffentlichkeit große Aufmerksamkeit erreichen und die man an drei, vier Schlagworten festmachen kann – wie zum Beispiel am 3-Liter-Auto –, nur sehr schwer in die Realität umzusetzen sind, wenn man sich das Lastenheft in seiner Gesamtheit genau anschaut. Wenn es aber dennoch jemand schafft, etwas Wegweisendes zu entwickeln und zu produzieren, dann gehört das in der Tat in die Köpfe vieler Produzenten. Und das kann dann auch beispielhaft aufzeigen, daß es lohnt durchzuhalten. Wichtig ist auch, hinter die Kulissen zu schauen. Ich habe kürzlich mit einer Landwirtin gesprochen die Hühnereier deshalb in Legebatterien produziert, weil sie das Risiko einer Salmonellen-Infektion bei der Produktion von Öko-Eiern wesentlich höher einschätzt. Meine konsequente Frage lautete: Was heißt eigentlich sauber, was ökologisch? Es gibt doch eine große Begriffsverwirrung, die auch durch die Medien verstärkt wird. Wir brauchen letztlich Beispiele, die aufzeigen, wie ein Unternehmen etwas wirklich gelöst hat und wie die Prozesse abgelaufen sind. Wir brauchen den Macht-Promotor – was heute schon vielfach angesprochen wurde –, der bei Zielkonflikten Prioritäten festlegt und eindeutig sagt: Unser Unternehmen ist bereit, dieses Risiko auf sich zu nehmen und diesen Weg zu gehen. Und nun meine Frage an Herrn Lehner: Wie wollen Sie es erreichen, eine Strategie, die bei einzelnen vielleicht modellartig verfolgt wurde, auf breiter Basis umzusetzen? Ich habe zur Kenntnis genommen, daß Sie Standards für die nächsten 15 Jahre festlegen wollen, damit sich die Industrie daran orientieren kann. Aber, was gibt es an Konkretem?

Lehner: Ich glaube nicht, daß die Politik gegenwärtig in der Lage ist – zumindestens nicht in Europa – wirklich an der Spitze zu reiten. Wir müssen darauf setzen – und deswegen stimme ich Ihrer These von den Macht-Promotoren zu –, daß Unternehmen, die stark am Markt und innovationsfähig sind, gewinnen. Die allein schon durch ihre Größe und ihre ökonomische Potenz bestimmte Veränderungen hervorrufen. Als Henkel phosphatfreies Waschmittel eingeführt hatte, hat anfangs zwar der Rest der Branche fürchterlich geschimpft, jedoch vehement versucht, binnen kürzester Zeit ebenfalls phosphatfreie Produkte auf den Markt zu bringen. Und es macht nichts, wenn die Wettbewerbsunternehmen schimpfen, solange sie die entscheidenden Schritte tun und „hinterherlaufen".

Wir müssen uns also fragen: Wo finden wir die Macht-Promotoren, die Markt-Macht mobilisieren können? Von einzelnen Öko-Pionieren, Herr Happich, darf man sich nicht zu viel versprechen. Mein Institut hat viele Jahre lang das So-Tec-Projekt betreut. Dabei sind zwar viele Konzepte und Aktivitäten entstanden, die aber wenig Breitenwirkung erreicht haben. Als wir im nachhinein das Programm evaluiert haben, kamen wir zu der nüchternen Feststellung: Außer den Aktivitäten der Unternehmen, die direkt finanziert und gefördert wurden, hat sich fast nichts bewegt. Das kann also nicht der richtige Weg gewesen sein.

Also: Wir brauchen Unternehmen, die stark am Markt sind und in der Lage sind, die ökonomischen Bedingungen zu verändern. Darüber hinaus sind auch wir Wissenschaftler – da wir hin und wieder gute Ideen haben – gefordert, sie schneller in die Praxis umzusetzen. Wissenschaftler haben damit große Probleme, weil sie ihre Ideen – mögen sie noch so gut sein – einfach nicht in die Sprache umzusetzen vermögen, die von Unternehmern, Politikern und Öffentlichkeit verstanden werden kann. Wir müssen uns bemühen, mit den Unternehmen schneller ins Gespräch zu kommen, damit wir wirklich was bewegen.

Bornemann: Glauben Sie, Herr Lehner, daß es genügend Unternehmen mit Markt-Macht in Deutschland gibt, die sich mit den Theorien und Ansätzen Ihres Instituts und mit denen des Wuppertal Instituts auch wirklich intensiv auseinandersetzen und davon lernen und profitieren wollen?

Lehner: Es gibt zum Beispiel stahlproduzierende Unternehmen, die mitziehen. Herr Schmidt-Bleek hat damit seine Erfahrungen gemacht. Auch ich kenne zum Beispiel ein großes Chemieunternehmen, das gewillt ist mitzumachen. Auffällig ist ja, daß die Strategien, über die wir hier gerade diskutieren, sich sehr schnell lohnen können. Die Firma Chemie-Hüls zum Beispiel hat nach einer großen Kampagne in einem relativ kurzen Zeitraum sehr viel Energie eingespart, und wie Sie wissen, ist das in der chemischen Industrie nicht gerade wenig. Der entscheidende Effekt bei dieser Kampagne jedoch war, daß das Unternehmen sehr viel an neuen Erkenntnissen für die Umsetzungsprozesse gewinnen konnte. Und wenn man erst mal publik macht, daß man durch eine strenge Analyse zu neuen Erkenntnissen kommt, die auch ökonomisch profitabel sind, dann gewinnt man auch andere Unternehmen zum Mitmachen.

Fordemann: Sie wollen, Herr Lehner, die sogenannte Öko-Lücke dadurch schließen, daß sie eine radikale Ökologie fordern. Eine der Strategien ist, Standards zu entwickeln, die für die nächsten 15 Jahre Gültigkeit haben sollten. Welchen Personen, welchen Institutionen trauen Sie zu, diese Standards zu formulieren? Wer ist Ihrer Meinung nach in der Lage, sie auch frei von jeglichem Lobbyismus zu veröffentlichen und die Unternehmer dazu zu bewegen, diese Standards zu erreichen?

Lehner: Ich glaube, daß es zwei Möglichkeiten gibt, dies zustande zu bringen. Die eine Möglichkeit heißt: Der Staat muß sich bewegen. Im Augenblick bleibt vieles in unseren Wünschen und Forderungen stecken, aber vielleicht gelingt es uns doch, die Politik zu bewegen. Die andere Möglichkeit besteht darin, daß Unternehmen selbst sich diese Standards geben. Und das bedarf einer gewissen Anlaufzeit. Es gibt zum Beispiel Überlegungen bei den Energieversorgungsunternehmen, in eigener Initiative entwickelte Standards – zum Beispiel zur Abgasvermeidung – umzusetzen. In Japan ist es, wie Sie wissen, längst gang und gäbe: Die EVU schließen mit ihren Standort-Gemeinden Verträge. Wenn man überlegt, wieviel Zeit vergeht, um die vom Staat gesetzten Normen in die Tat umzusetzen, dann scheint es auf jeden Fall ökonomisch besser, die Unternehmen selbst die Standards formulieren zu lassen, sie mit dem Staat abzusprechen und auf diese Weise zum Beispiel die Bauzeiten von neuen Kraftwerken drastisch zu reduzieren. Der private Sektor muß ein Stück weit die Standardisierung in Gang bringen und auch durchsetzen, ohne allerdings auf Dauer darauf zu verzichten, alles staatlich absichern zu lassen.

Huncke: Sie sehen nicht sehr zufrieden aus, Herr Fordemann ...

Fordemann: Ich kann nicht auf der einen Seite klagen, Herr Lehner, daß der Staat sich gegenwärtig nicht bewege und die Initiative von den Unternehmern erwarten, gleichzeitig aber fordern, daß alles staatlich abgesichert werden müsse. Für mich lautet das Fazit Ihrer Argumentation: letztlich müssen wir uns auf die Initiativen einzelner Unternehmen verlassen.

Lehner: Natürlich bleiben zunächst die Aufgaben und Initiativen an einzelnen Unternehmen hängen. Und ich frage mich, wie wir diesen Prozeß in Gang bekommen, der uns – eben initiiert durch Unternehmer – zu neuen Standards führt. Und das in möglichst kurzer Zeit. Natürlich müssen wir parallel dazu fragen: Was ist politisch zu machen und was nicht? Gegenwärtig finden Sie in der Bundesrepublik überall Blockaden. Und wenn wir es hier voranbringen, dann baut die EU Hindernisse auf. Deshalb glaube ich gegenwärtig nicht an eine weitreichende Veränderung der Standards auf politischem Wege. Wenn Sie mich deshalb fragen: Könnte es wirtschaftlich gehen? Dann hätte ich Ihnen vor Jahren geantwortet: Nein, das geht nicht, das ist völlig absurd. Denn allein per definition ist die Regulation eine Staatsaufgabe. Und diesen Thesen hätte früher natürlich jeder Ökonom zugestimmt. Inzwischen aber haben wir gelernt, daß dies nicht unbedingt so sein muß und daß die Wirtschaft selbst durchaus regulationsfähig ist. Und deswegen frage ich mich:Gibt es etwas wie eine ökonomische Machtbewegung? Wie lange wird es dauern, so frage ich, bis genügend Bewegung in einen solchen Prozeß gekommen ist, bis genügend Unternehmen mitziehen, damit sich eine solche Bewegung durchsetzen kann? Es würde anfangs reichen, wenn vier oder fünf große, wichtige Unternehmen in diese Bewegung einsteigen würden und die Chancen nicht schlecht ständen, auf diesem Wege neue Standards zu entwickeln. Und wenn sich diese Standards im täglichen Geschäft der Wirtschaft erst mal durchgesetzt haben und sich gewisse strategische Allianzen gebildet hätten, dann bliebe dem Staat die Aufgabe, dies alles sozusagen „notariell“ abzusegnen.

Brübach: Ich habe mich gefreut, daß Sie viel von dem, was ich heute Morgen gesagt habe, bestätigt haben. Allerdings habe ich nach Ihrem Vortrag auch sofort gefragt: Wie kann das alles passieren? Die Analyse der Öko-Lücke – wie Sie das genannt haben – ist trefflich gelungen. Bei den Ausführungen zur Umsetzung hatte ich ähnliche Zweifel wie Herr Happich und Herr Fordemann. Ich habe zwar Ihre Gedanken sehr gut nachvollziehen können und mir schien das alles auch sehr plausibel und realistisch, aber ich habe mich dann gefragt, wie Sie die zwei Millionen Gewerbeunternehmen in der Bundesrepublik Deutschland in die von Ihnen charakterisierte Bewegung einbinden könnten? Wie kann es gelingen, Herr Lehner, diesen Unternehmen mehr Umweltbewußtsein zu vermitteln?

Lehner: Wenn ich das wüßte, wäre ich wahrscheinlich nicht mehr Präsident des IAT in Gelsenkirchen, sondern Unternehmensberater und binnen kürzester Zeit ein steinreicher Mann.

Ich wüßte dann, wie man die Welt verändert, und würde daran gut verdienen. Es geht hier auch um soziale Innovationen, um eine Bewegung, die erst in Gang kommen muß. Patent- oder Schlüssellösungen gibt es dazu noch nicht. Sondern wir alle sind gefordert, unsere Ideen und Beziehungen zu den Unternehmen einzusetzen und sie davon zu überzeugen, daß das, was wir Wissenschaftler denken, eben auch in die Realität umgesetzt werden kann. Und daß wir alles tun, daß unsere Ideen diese Realitätsnähe erreichen und die Unternehmen wirklich diese Bewegung mittragen können.

Ich habe kürzlich mit einem japanischen Unternehmen geredet, das in eine Öko-Bauweise eingestiegen ist. Zunächst war ich sehr skeptisch und bin den Prozessen nachgegangen. Dabei habe ich herausgefunden, daß die Firma mit Klienten und Experten sogenannte vernetzte Dialoge führt. Und die Mitarbeiter haben in diesen Dialogen versucht, einmal systematisch die einzelnen Interessen abzuklopfen. Ich habe daraus gelernt, daß es wichtig ist, Suchprozesse in Gang zu bringen, in denen die unterschiedlichen Interessen genau analysiert werden und dann letztlich zu neuen Lösungen führen.

Maser: Ich habe als sehr positiv empfunden, Herr Lehner, daß Sie solche Ideen eher über den Markt als über die Politik verbreiten wollen.

Ich möchte jedoch noch einmal betonen: Wir können dabei von den Pionieren viel lernen. Pionier sein heißt nämlich in erster Linie, begeistert zu sein, wobei Geld in der Regel nicht an erster Stelle steht. Es wäre in der Tat gut, eine breite Entwicklung zu inszenieren, die auf eine breite Verhaltensänderung zielt, dabei aber den Faktor „Begeisterung" eine große Rolle spielen zu lassen. Um eine Bewegung in Gang zu setzen – wie Sie es vorgeschlagen haben, muß man auf jeden Fall auf den Faktor Mensch setzen und bedenken, daß die Kommunikation eine ganz entscheidende Rolle spielt. Allerdings auch beachten, daß eine Lücke besteht zwischen dem, was wir als Wissenschaftler rationalisieren – wofür wir schließlich auch bezahlt werden – und dem Weg, auf dem wir das Ganze erlebbar machen. Und dabei spielt – Gott sei Dank – das Geld nicht die einzige oder zumindest nicht eine vordringliche Rolle.

Deutsch: Ich könnte mir vorstellen, daß man, um die Unternehmen zu erreichen, eine Art Kettenreaktion auslösen müßte. Hierfür könnte man die Macht der großen Einkäufer nutzen. Wenn zum Beispiel Herr Otto, Chef des großen Versandhauses in Hamburg, gewisse ökologische Standards einfach festlegt – nach denen die Produkte, die er einkauft, bewertet werden können – dann wird sich die gesamte Zulieferindustrie danach richten müssen. Könnte man so einen Hebel ansetzen, Herr Lehner? Der zweite Hebel wäre, daß der Staat das täte, was in den Landesabfallgesetzen drinsteht – nämlich ökologisch einzukaufen.

Lehner: In einer Welt, in der Produktionsketten immer mehr zusammenwachsen, könnte man in der Tat über Anforderungen an diese Zuliefererketten, Herr Deutsch, sicherlich sehr viel bewegen. Wir wissen aus dem Automobilbau, daß die Einführung der sogenannten schlanken Produktion genau über diese Ketten gelaufen ist. Auch Politiker sagen natürlich immer wieder – und wir reden viel mit Politikern–: Ja, ja, das muß man machen. Man stelle sich vor, was geschehen würde, wenn morgen die Landesregierung von Nordrhein-Westfalen beschließen würde, kein öffentliches Gebäude mehr ohne den Einsatz von Photovoltaik bauen zu lassen. Der Weg hieße –ohne zusätzliche Subventionen – eine sogenannte Leitnachfrage in den Prozeß einzubauen und damit neuen Produkten grundsätzlich auf den Weg zu verhelfen. In Kalifornien hat man mit einer solchen Leitnachfrage sehr gute Erfolge erzielt, als es darum ging, für den Verkehr in Los Angeles ein Solarauto zu entwickeln, hat die Stadt Los Angeles angeboten, ihren städtischen Fuhrpark entsprechend auszurüsten. Man stellle sich vor, alle Polizeiautos, Feuerwehr usw. würden auf Solarenergie umgestellt. Jedenfalls: Das Konzept „Leitnachfrage" scheint mir jedenfalls wirksamer als eine Millionen-Dollar-Subvention für irgendwelche neuen Technologien.

Liedtke: Bei unserem Forschungsprojekt bei der Firma Kambium – auf der Basis des MIPS-Konzepts von Friedrich Schmidt-Bleek – haben wir die Erfahrung gemacht, daß die Kommunikation in den Prozeßketten auch sehr gut funktioniert. Am Ende stand ein neu designtes Produkt, wie es Ursula Tischner vorhin expliziert hat. Und man hat dann langsam versucht – und das dauert natürlich schon einige Jahre –, diese neuen Produkte auf dem Markt auch anzubieten und zu verkaufen.

Bei dem von Uschi Tischner entwickelten ökoeffizienten Kühlkonzept liegt die Problematik etwas anders. Hier muß man mit Produzenten und Vorproduzenten verschiedener Branchen kommunizieren, um ein solches Kühlkonzept in ein Produkt umsetzen zu können. Und da fehlt in der Regel der Dialog, den Herr Lehner vorhin eingefordert hat. Das hängt wohl auch damit zusammen, daß viele Unternehmen – vor allem die chemische Industrie – nicht bereit sind, eine Produktverantwortung eben auch für ein solches neues Kühlkonzept zu übernehmen. Deswegen brauchen wir Konzepte, mit denen wir den Unternehmen aufzeigen, wie sie mit den neuen ökologischen Konzepten auch Gewinne machen können. Und diese Art von Allianzen zu schaffen, fällt uns offen gestanden noch sehr schwer.

Huncke: Wir sind am Ende des Workshops „Technologiebedarf im 21. Jahrhundert".

Ich bedanke mich bei Herrn Professor Lehner für seinen Vortrag und die daran anschließende interessante, lebendige Diskussion. Ich bedanke mich bei Ihnen allen, die sie so lange bei der Diskussion ausgehalten haben. Das war für mich etwas ungewöhnlich, weil in der Regel zu Beginn des zweiten Tags eines Workshops die Reihen sich doch immer zunehmend lichten – man eilt zu einem anderen Ort, um sich zu produzieren.

Daß Sie so lange ausgeharrt haben, zeigt, daß das Konzept des Veranstalters, wie man so schön sagt, gegriffen hat und daß Sie offensichtlich durch diesen Workshop zu neuen Informationen, Kenntnissen, Gedanken, Ideen gekommen sind, die sie alle befähigen sollen, an dem gemeinsamen Problem „Technologiebedarf im 21. Jahrhundert“ mitzudenken und mitzuarbeiten. Vielen Dank, daß Sie unsere Gäste waren. Kommen Sie gut nach Hause und behalten Sie das Wuppertal Institut in guter Erinnerung.

Nachwort der Herausgeber

Die heutige gesellschaftliche und wirtschaftliche Entwicklung kann angesichts ihres enormen Material-, Energie- und Flächenverbrauchs nicht als „nachhaltig" oder „zukunftsfähig" bezeichnet werden. Zur Verwirklichung einer zukunftsfähigen Gesellschaft im Einklang mit der Natur ist es notwendig, Entwicklungen am Leitbild des „Sustainable Development" zu orientieren. Dabei spielt eine „Dematerialisierung" der westlichen Wirtschaften um den Faktor 10 eine entscheidende Rolle. Diese Dematerialisierung geht mit einer drastischen Steigerung der Ressourcenproduktivität einher: Aus einem Zehntel der bisher nötigen Menge an Rohstoffen und Energie muß gleicher oder besserer Nutzen gezogen werden.

Die Dematerialisierung von Gütern und Dienstleistungen führt als technisch-organisatorische Maßnahme zu einem effizienteren Umgang mit Ressourcen. Sie bleibt aber ungenügend, wenn sie nicht mit veränderten Konsummustern und einer „Revision des Gebrauchs" einhergeht. Das bedeutet, daß die Nutzungskapazitäten von öko-intelligenten Produkten nachgefragt werden müssen. Nutzen statt Besitzen, Gemeinsam-Nutzen, Nachfrage von Leasing- und Sharing-Optionen und langlebigen ressourcenproduktiven Gütern sind Beispiele für öko-intelligente Konsumweisen.

Der hier vorliegende Band dokumentiert den Workshop „Öko-intelligentes Produzieren und Konsumieren", der im Rahmen des Verbundprojektes „Technologiebedarf im 21. Jahrhundert" des Wissenschaftszentrums Nordrhein-Westfalen am 9. und 10. Juli 1996 am Wuppertal Institut stattgefunden hat. Zu dieser Veranstaltung haben sich mehr als 50 Personen unterschiedlichster Professionen zusammengefunden, um über Wege zu einem nachhaltigen Produktions- und Konsumstil zu diskutieren.

Ziel dieser Veranstaltung war es, die durch das Leitbild „Sustainable Development" implizierten technik- und konsumorientierten

Veränderungen zu diskutieren. Heute schon gehbare oder absehbare Schritte und Maßnahmen auf dem Weg zu öko-effizienter Technik und ebensolchen Konsumstrukturen wurden aufgezeigt und kritisch diskutiert.

Die Herausgeber danken dem Wissenschaftszentrum Nordrhein-Westfalen für die finanzielle Unterstützung bei der Realisierung dieses Workshops. Weiterer Dank gebührt vor allem Wolfram Huncke für die hervorragende Moderation sowie Rainer Klüting und Wolfram Huncke für die publizistische Bearbeitung der Vortragsmanuskripte und Diskussionsmitschnitte. Dorothea Frinker sei gedankt für die Übernahme der Niederschrift der Tonbänder und die organisatorische Unterstützung bei der Erstellung des Textes. Die Ausrichtung der Tagung haben ferner Michael Hokkeler, Michael Kuhnt und Alicja Darksi begleitet. Auch ihnen an dieser Stelle ein herzliches Dankeschön. Den Satz und die grafische Gestaltung besorgten Dorothea Frinker, Sabine Michaelis und Thomas Pössinger, die fotografische Dokumentation lieferte Peter Hollenbach.

Schließlich sei den Referentinnen und Referenten und den Diskussionsteilnehmerinnen und Diskussionsteilnehmern gedankt. Ohne deren Mitwirkung und Engagement wären weder der Workshop noch dieser Band zustande gekommen.

Wuppertal, Februar 1997

Friedrich Schmidt-Bleek
Thomas Merten
Ursula Tischner

Referenten und Diskussionspartner

Christine Ax
Zukunftswerkstatt Handwerkskammer Hamburg

Sabine Bartnik
cyclos Beratungsgesellschaft für Ökologie, Energie- und Abfallwirtschaft mbH, Osnabrück

Professor Dr. Siegmar Bornemann
Institut für Ganzheitliches Unternehmensmanagement, Leverkusen

Professor Dr.-Ing. Hans-Hermann Braess
Leiter Wissenschaft und Forschung BMW AG, München

Dipl.-Betriebswirt Dieter Brübach
B.A.U.M. Geschäftsstelle Hannover

Christian Deutsch
Freier Journalist, Heidelberg

Andreas Drinkuth
Vorstand der IG Metall, Frankfurt am Main

Karl Fordemann
Brauerei Felsenkeller, Herford

Henning Fricke
GSF Forschungszentrum Umwelt & Gesundheit, Projektträger für Umwelt- und Klimaforschung, München

Christiane Friedrich
Staatssekretärin Ministerium für Umwelt, Raumordnung und Landwirtschaft des Landes Nordrhein-Westfalen, Düsseldorf

Dr. Hannelore Friege
Verbraucher-Zentrale Nordrhein-Westfalen e.V., Düsseldorf

Professor Dr. Horst Geschka
Geschka & Partner Unternehmensberatung, Darmstadt

Hartmut Happich
Unternehmer, Wuppertal

MR Dr. Jürgen Heidborn
Bundesministerium für Bildung, Wissenschaft, Forschung und Technologie (BMBF), Bonn

Wim van Heugten
Programmbüro DTO, Delft

Michael Hokkeler
Wuppertal Institut

Professor Günter Horntrich
yellow circle, Köln

Wolfram Huncke
Wuppertal Institut

Marcel Keifenheim
Greenpeace Magazin, Hamburg

Dr. Erna Kleiner
Leitung Qualität und Umwelt, Drägerwerk AG, Kiel

Michael Kuhnt
Wuppertal Institut

Dr. Carl Kutzbach
Wuppertal

Dr. Hans-Peter Laubscher
Fraunhofer Institut für Arbeitswirtschaft und Organisation, Stuttgart

Harry Lehmann
Wuppertal Institut

Professor Dr. Franz Lehner
Präsident des Instituts Arbeit und Technik, Gelsenkirchen

Dr. Christa Liedtke
Wuppertal Institut

Dr. Jürgen Malley
Wuppertal Institut

Professor Dr. phil. Siegfried Maser
Bergische Universität – Gesamthochschule Wuppertal

Peter Menke-Glückert
Vorsitzender des Bundesverbandes Mittelständische Wirtschaft (BVMW), Bonn

Thomas Merten
Wuppertal Institut

J.J.M. Mulderink
Programmbüro DTO, Delft

Christof Nakat
yellow circle, Köln

Volker Neumann
IHK Wuppertal – Solingen – Remscheid

Joachim Nick
Bundesministerium für Umwelt (BMU), Bonn

Dr. Regina Nickel
Wuppertal Institut

Fikret Öz
Institut Arbeit und Technik, Gelsenkirchen

Stefan Pfahl
Daimler Benz Ag, Berlin

Dr. Oliver von Quast
Environmental Technology Group Stuttgart, Technology Center Sony Deutschland GmbH, Fellbach

Vera Rabelt
Projektträgergemeinschaft Abfallwirtschaft, Umweltbundesamt Berlin

Dr. Georg Riegel
Daimler Benz AG, Berlin

Holger Rohn
Wuppertal Institut

Eva Roth
Öko-Test-Magazin, Frankfurt am Main

Dr. Stefan Rummenhöller
Rummenhöller, Böhme & Partner, Sprockhövel

Professor Dr. Gerhard Scherhorn
Universität Hohenheim, Institut für Haushalts- und Konsumökonomik, Stuttgart

Harald Schibrani
Süddeutscher Rundfunk, FS Wirtschaft und Soziales, Stuttgart

Professor Dr. Friedrich Schmidt-Bleek
Vizepräsident des Wuppertal Instituts

Dr. Helmut Selinger
Fraunhofer Gesellschaft, München

Hans-Peter Spielhoff
Spielhoff-Design GmbH, Dortmund

Walter R. Stahel
Institut für Produktdauer-Forschung, Genf

Professor Dr. Heiko Steffens
Präsident der Arbeitsgemeinschaft der Verbraucherverbände (AgV) e.V., Bonn

Dr.-Ing. Rolf Steinhilper
Fraunhofer Institut für Produktionstechnik und Automatisierung (IPA), Stuttgart

Bodo Tegethoff
Arbeitsgemeinschaft der Verbraucherverbände, Bonn

Ursula Tischner
Wuppertal Institut

Dr. Herbert Waginger
Wirtschaftskammer Österreich, Wien

Dr. Michael H. Wappelhorst
Wissenschaftszentrum Nordrhein-Westfalen, Düsseldorf

Joachim Wille
Frankfurter Rundschau, Umweltredaktion

Dr. Manfred Wirth
Dow Europe S.A., Horgen

Jörg Woidasky
Fraunhofer Institut für Chemische Technologie, Pfinztal

Rolf Wüstenhagen
Wuppertal Institut

Medhat Zidan
Bergische Universität – Gesamthochschule Wuppertal